THEORY AND METHOD OF STRUCTURAL RELIABILITY COMPATIBLE WITH NON-PROBABILISTIC INFORMATION

相容非概率信息的结构可靠性理论与方法

孙文彩　杨自春　著

国防科技大学出版社
·长沙·

图书在版编目（CIP）数据

相容非概率信息的结构可靠性理论与方法/孙文彩，杨自春著．—长沙：国防科技大学出版社，2024.5

ISBN 978－7－5673－0649－3

Ⅰ.①相… Ⅱ.①孙… ②杨… Ⅲ.①结构可靠性—分析—研究 Ⅳ.①TB114.33

中国国家版本馆 CIP 数据核字（2024）第 095227 号

相容非概率信息的结构可靠性理论与方法

XIANGRONG FEIGAILÜ XINXI DE JIEGOU KEKAOXING LILUN YU FANGFA

孙文彩　杨自春　著

责任编辑： 嵇航宇

责任校对： 熊立桃

出版发行： 国防科技大学出版社　　**地　　址：** 长沙市开福区德雅路 109 号

邮政编码： 410073　　**电　　话：**（0731）87028022

印　　制： 国防科技大学印刷厂　　**开　　本：** 710×1000　1/16

印　　张： 9　　**字　　数：** 147 千字

版　　次： 2024 年 5 月第 1 版　　**印　　次：** 2024 年 5 月第 1 次

书　　号： ISBN 978－7－5673－0649－3

定　　价： 48.00 元

网址：https://www.nudt.edu.cn/press/

前　言

不确定性在实际工程中广泛存在，了解、度量和控制各类不确定因素，对于保证结构的安全性及综合性能非常重要。本书论述了非概率凸集、模糊等不确定条件下结构可靠性及疲劳寿命分析、静动力有限元分析等问题，可作为相关科研人员和工程技术人员的参考用书，也可作为工科类研究生的教材用书。

本书是作者部分研究成果的总结，书中既有方法理论的论述推导，也有应用算例的演示验证，力求内容的严谨性、完整性和适用性。本书主要包括结构非概率可靠性理论发展和集中归纳讨论、模糊凸集非概率可靠性综合模型及其算法、非概率不确定结构的疲劳寿命分析和有限元分析等内容。书中每一个理论方法都有详尽的阐述，且都有算例验证，以便读者进行相应的练习或加深对相关内容的理解。书中各章节相对独立、自成一体，方便读者选读相关内容。

感谢国家自然科学基金和相关国防科研项目的资助，以及国防科技大学出版社的大力支持。本书参阅了大量相关文献和资料，在此谨向这些文献的作者深致谢意。

尽管作者力求完善，但由于能力所限，书中错误和不当之处在所难免，恳请各位读者、专家批评指正。

作 者

2024 年 1 月

目　录

第1章 绪 论

1.1 背景知识

通常的结构分析是建立在确定性模型基础之上，即把结构参数当作确定性变量处理，通过经典数学得出问题的解答。然而，实际工程中，不确定性是在所难免的，比如量测信息、材料参数、荷载、几何尺寸、初始条件和边界条件、计算模型等都存在不确定性。忽略不确定性的存在或将不确定性因素作为确定性因素处理，有时会得出很不合理的甚至矛盾的结果[1]，而了解、度量和控制各种不确定性对结构可靠性、安全性及综合性能保证具有重要作用[2]。不确定性问题的研究，特别是不确定性和非线性的交叉问题研究已经成为学术界研究的热点[3]。

实际工程结构往往都具有不确定性，只是程度不同而已。传统的不确定性处理方法是基于概率理论和模糊数学的，二者在结构分析领域发挥了重要的作用。例如结构可靠性理论先后形成的随机可靠性理论、模糊可靠性理论，以及日臻完善的概率有限元理论等，都已经在工程结构的分析、试验和设计方面取得了许多具有深远意义的研究成果，获得了很大成功。随着研究的日益深入，人们逐渐发现概率模型是基于大量统计数据基础之上的，根据实际情况和经济上的考虑，关于结构的不确定变量概率密度的试验信息常常是缺乏的，而且由于背景噪声的存在，不确定变量的各种统计值必然存在某些误差或不确定性。这些局限性在很大程度上阻碍了概率理论的工程应用，以不准确的概率分析所得到的结论有时会导致灾难性的后果，比如按现行可靠性理论设计的建筑物在地震中毁坏，振动的不确定性导致多起航天结构的失事[3]，等等。

作为求解不确定性问题的概率理论及模糊理论的补充手段，非概率集合理论凸方法是近些年学术界提出的一个新课题，开辟了研究不确定性问题的新途径。将集合理论凸方法应用在结构分析中是从20世纪90年代后期开始的。该方向至今已经取得了许多成果，包括基于凸集合的结构非概率可靠性模型、基于区间分析和凸集模型的结构力学正反问题研究。美国弗吉尼亚大学的Ahmed K. Noore教授在其计算结构力学的综述性论文中，也将非概率集合理论凸方法定为计算结构技术在20世纪的最新进展之一。

然而这一方向自诞生起，就遇到了许多的问题和困难。特别是在非概率可靠性研究方面，产生了不同的研究格局，人们对贫信息不确定性的处理方法存在不同的认识，对非概率可靠性的发展方向也抱有不同的观点和态度，且由于非概率可靠性指标的合理性、可比性、适用性等问题没有很好地解决，有的学者甚至对该方向的发展感到迷茫。但是国内外仍有许多学者在致力于非概率可靠性，以及相关的非概率结构力学分析方法的研究，非概率结构分析理论的研究方兴未艾，新的思想和成果不断涌现。这一新兴领域的迅速发展必将极大地推动结构可靠性理论向更高层次发展和完善。

随着武器装备的快速发展，许多重要装备呈现小样本或极小样本的情况。在装备的结构分析和可靠性评价当中，许多参数不具备概率统计规律，传统的基于概率理论的结构分析方法已经不能满足装备可靠性评价要求。在这种情况下，基于非概率凸集合理论的结构分析方法则能够发挥其独特的优势。基于该理论，能够得到区间或凸集不确定性下结构静动力响应的变化范围，以及结构可靠性的非概率度量，从而能够克服概率统计理论在应用中的局限性。非概率凸集合理论作为新的求解体系，是对概率统计理论的补充和深化，然而许多科学家和工程师还未有所闻，在科学和工程中的大多数领域也尚未传播开来。

本书对近年来作者的部分研究成果进行了总结归纳，其中包括了作者的一些见解和提出的改进方法等，希望为相关研究工作提供一些参考，为小样本武器装备复杂结构力学分析和可靠性评价等问题提供一定指导和新的途径。

1.2　研究概况

本节对结构非概率可靠性理论、不确定性疲劳寿命分析理论和非概率不确定性静动力有限元三个方面的研究概况进行综述。

1.2.1　结构非概率可靠性理论的研究现状

可靠性理论是以产品寿命特征为主要研究对象的一门综合性和边缘性科学，涉及基础科学、技术科学和管理科学的众多领域。这个学科始于20世纪30年代，从其诞生到现在已经有了长足的发展：从基于概率论的随机可靠性到基于模糊理论的模糊可靠性，以及新近发展的非概率可靠性，使得这一理论日臻丰富和完善，并深入渗透到各个学科和领域。

从数学层面上讲，概率论具有完美的理论体系，但其应用是有条件的。概率模型应用的基本前提是大量样本的存在或事件具有可重复性。Ben-Haim[4-5]和Elishakoff[6]对不确定性的非概率凸集模型和概率方法做过对比研究，并对概率模型中的分布型式和模型参数可能出现的偏差作了定量研究。研究表明：概率模型的小偏差可导致计算结果出现很大误差。这说明当缺乏足够的数据信息描述概率模型时，概率可靠性方法的计算结果不可靠。Elishakoff[7]和吕震宙[8]阐述了概率可靠性研究中所遇到的一些困难和概率方法存在的一些局限性，Sexsmith[9]也论述了结构概率安全性评估中的一些缺陷。总的说来，概率可靠性方法在结构工程中的应用在下述方面存在一些自身难以克服的局限性[10]：

（1）概率可靠性方法需已知随机变量的概率密度函数。这需要根据已知的数据资料进行统计分析才能得到。在实际工程中，通常可得到的数据绝大多数分布于密度函数的“中部”（如正态分布）。其分布的尾部是由这些“中间”分布拟合出的。而在概率可靠性计算中，起主要作用的恰恰是分布函数的尾部。随机可靠性对变量分布的尾部极为敏感。因此，当要求的可靠性较高（如失效概率$p_f \leqslant 10^{-5}$）或缺乏足够数据，准确定义概率分布时，概率模型的适用性较差。

（2）众所周知，经典概率源于“频率”的概念，是事件发生频率的极限逼近。对单样本或小子样问题，概率模型的应用缺乏理论上的合理性。而小子样和极小子样问题在结构工程中都极为常见。

（3）人为的差错是造成结构破坏的重要原因。专家的经验也是进行可靠性评估的重要依据，而人的行为和经验要在概率框架内合理处理较为困难。

概率方法不是处理不确定性的唯一方法，许多时候甚至不是有效的方法，许多工程实际问题根本不能在概率框架内得到解决。20 世纪 90 年代，这一问题开始引起学术界的关注，并引发了可靠性领域的一场革命，逐渐确立了一个新的研究方向——结构非概率可靠性研究。

Ben-Haim[5]首次提出了基于凸集合模型的非概率可靠性的概念。这个概念的主要思想是：当我们掌握的不确定性数据信息较少时，采用凸集合模型来描述这些输入不确定因素，从而得到响应的不确定性变化范围，由此变化范围与要求的变化范围做比较，进而得到可靠程度的度量指标。

之后，Ben-Haim[11]又在文献中提出了非概率可靠性的一种度量方法。它是一种基于非概率模型的可靠性方法。Ben-Haim 认为如果系统能够容许较大的不确定性而不发生失效，或系统对不确定参量具有一定的稳健性，则系统可靠；否则，如果系统只能容许很小的不确定波动，则系统不可靠。其提出以系统能够容许的不确定性的最大程度度量可靠性[12]，所定义的可靠性指标本质上是系统对不确定性的稳健性的度量，还进一步较为系统地研究了非概率的稳健可靠性方法，并将凸集模型应用于一些单向不确定性载荷作用下的简单结构静、动强度分析和疲劳寿命预测等问题；通过集合的变换和扩展原理得到了线性系统的非概率可靠性[13]，提出了安全因子集合模型的概念[14-16]。Ben-Haim 还将凸集模型更一般化为信息间隙模型（Info-Gap Model），应用此模型通过信息间隙大小来衡量结构的可靠性，通过分析不确定性的信息间隙模型的稳健性来研究结构设计标准，并将其应用于风险评估以及管理决策问题[17-18]。上述指标为具有量纲的稳健可靠性指标，即将与系统不发生失效相一致的不确定性参数的最大值作为稳健可靠性指标。该指标并未与参数的实际不确定性产生联系或进行比较，从而难以度量现实结构的可靠程度；对于具有不同量纲的可靠性指标之间，该指标不具有可比性；对于同一量纲的不同可靠度之间也无法进行量化比较。

Elishakoff[19]在文献中提出了基于安全因子区间的度量指标。得出的非概率可靠性指标为区间值，区间边界是根据传统的安全因子法进行区间运算求得。这种方法在一定程度上可以衡量结构系统的可靠程度，但分析结果作为区间值，难以对不同结构的可靠程度做出比较，同时对于现役结构可能失效的情况（即指标下限小于零的情况）不能给出可靠性的量化标准。

李永华、黄洪钟等[20]在 Ben-Haim 的稳健可靠性指标的基础上，提出了无量纲的稳健可靠性指标。不确定性参数 α 用其变异系数 β（β 为不确定性参数与其离差之比）来代替。确定结构的稳健可靠性就转化为：系统在不发生失效条件下，确定不确定性变异系数的最大值。然而，当凸集合与失效域发生干涉时，该指标难以对干涉程度进行度量。目前，该模型主要用于贫信息背景下的稳健可靠性设计（由该指标设计的产品偏于安全，工程中合理可行），但难以对既有结构，尤其是既有含缺陷结构的可靠性进行科学评价。

郭书祥等[10,21]在极限状态函数的基础上，将所有影响结构失效的不确定性因素包含在极限状态函数中，并将不确定性参数用区间集合表示，基于区间分析，提出了非概率可靠性的无穷范数度量指标。这个指标仍然属于稳健可靠性的范畴，较适用于结构的稳健性设计。当用于评定既有结构的可靠性时，该指标存在一定的不足，因为其不能对 $-1<\eta<1$（基本定义）或 $0<\eta<1$（扩展定义）时的可靠性进行有效分析，η 值的大小不能合理地反映结构失效的可能度。此外，由于该指标以 $\eta=1$ 为结构可靠与不可靠的严格分界线，在实际应用中，因为计算误差的存在，容易对结构的可靠性产生“误判”。

刘成立[22]针对无穷范数度量指标仅能用于区间模型和结构含有单一凸集模型的局限性，通过引入凸集合的比例缩放因子，提出了无穷范数度量指标的扩展函数形式。该指标与无穷范数度量指标存在同样的缺陷，只适用于可靠性设计或分析绝对安全结构的可靠程度，无法对既有结构失效域与凸集合的干涉程度予以合理度量。

邱志平[3,23]利用集合理论中的凸集合间的偏序关系给出一种新的非概率凸模型理论的鲁棒可靠性准则；基于非概率区间集的偏序关系，结合区间参数摄动法，给出了结构振动可靠性的鲁棒可靠性准则。王晓军等[24]、徐可君等[25]对结构振动的非概率可靠性进行了研究。

曹鸿钧等[26]研究了结构不确定参量用超椭球凸集描述情况下的非概率可靠性问题，并将区间变量视为一维椭球，解决了超椭球凸集与区间变量共存情况下的非概率可靠性分析问题。该模型是对区间模型的无穷范数度量指标的一种拓展，属稳健可靠性的范畴。易平[27]对非概率可靠性的三种分析方法进行了对比分析，结果表明，凸集合模型可忽略区间模型中发生概率较小的一些边缘事件，基于凸集合模型的可靠性指标避免了基于区间模型建立的可靠性指标过于保守的缺点，且与假设各区间参量服从熵最大矩形分布时的概率可靠性指标比较接近。张新锋等[28]对基于区间和基于椭球凸集的稳健可靠性方法进行了对比分析，得到了两种可靠性指标的解析关系。

黄波等[29-30]提出了基于区间满意度原理的非概率可靠性分析模型。其用结构强度区间大于等于结构应力区间的满意程度或结构功能函数区间大于等于零的满意程度来衡量结构可靠性大小。该方法得出的满意度值相当于将功能函数作为区间均匀分布处理得到概率可靠度值，一方面对于非线性复杂结构，难以得到强度区间和应力区间的准确界限；另一方面，对于非线性复杂功能函数来说，功能函数值的分布情况取决于每个参数的分布情况及参数间的相互关系，用该满意度值衡量结构的可靠性时，结果是否偏保守可能会因不同结构而异，同时也带来了对不同结构的可靠度进行比较的困难。

王晓军等[31]将结构可靠性的不确定性影响因素用区间集定量化，建立了结构应力-强度非概率集合干涉模型，用结构安全域的体积与基本区间变量域的总体积之比作为结构非概率可靠性的度量，形成了结构非概率集合可靠性模型。相对于 Ben-Haim 教授提出的以“结构所能容许的不确定性的最大程度”和郭书祥教授提出的以“从坐标原点到失效面的最短距离”来度量结构非概率可靠性，其具有更加明确的意义，并证明了在相同不确定信息的条件下，非概率集合可靠性模型与概率可靠性模型分析结果的相容性。周凌等[32]等成功将非概率集合可靠性模型用于超空泡运动体强度与稳定性的可靠性分析问题，并且验证了在结构样本数据缺乏的情况下，非概率集合可靠性算法所得的结果要比概率可靠性的结果安全。

乔心州等[33]借鉴王晓军等[31]文献中集合干涉模型的思想，建立了基于椭球凸集的结构非概率集合可靠性模型，并推导了在椭球确定区间向量的条件下，基于凸集和基于区间的非概率可靠性模型之间的函数关系。该模型同文献［31］一样，以结构安全域的超体积与基本变量域的超体积之比作为结构可靠性度量指标，可用于存在失效可能的既有结构的可靠性分析问题。但是，该模型仅仅借鉴了文献［31］中的体积比的思想，实际问题中如何建立起合理准确的超椭球凸集模型，该文并未探讨。

洪东跑等[34]提出了基于容差分析的结构非概率可靠性模型。对于线性极限状态函数来说，该指标与基于体积比的度量指标具有等价性，而对于非线性极限状态函数来说，该模型不能对非线性因素进行有效处理，第2章也将对该方法进行讨论。

唐樟春等[35]提出了一种与样本信息合理匹配的可靠性模型，该模型适用于随机变量具有一定积累而又不足以确定概率分布的情况，而在数据样本较少的情况下，模型不具适用性。张磊等[36]将非概率可靠性优化方法与多学科优化设计方法相结合，提出了基于协同优化的多学科非概率可靠性优化设计方法。方鹏亚等[37]基于区间模型、加权平均理论和区间比较法则，提出了考虑权重因素的非概率可靠性模型。孙文彩[38]提出了基于区间分段描述模型的结构非概率可靠性分析方法，该方法通过切比雪夫不等式得到了一些有用的分布信息，且不依赖于样本的频数统计，是对基于体积比的非概率可靠性模型的一种改进。李昆锋[39]基于 Info-Gap 模型，提出了一种统一的非概率可靠性模型，模型中引入了集合扩展约束条件，实现了不同参数的分类扩展，改进了以往的稳健可靠性模型。周凌等[40]将稳健可靠性模型与非概率集合干涉的可靠性模型相结合，构建了非概率可靠性的一种综合指标，并研究了求解算法。该模型首次将两类不同的非概率可靠性方法进行综合，具有较高的理论价值。然而，该模型仅是对以往模型的简单综合，在不确定性信息的描述和求解算法方面有一些值得商榷的地方。

樊建平等[41]对非概率稳健可靠性指标、安全系数和非概率集合可靠度三类度量方法进行了研究，从设计思想、度量方法及表现形式方面分析了三类度量的区别，并建立了它们之间的函数关系，一定程度上拓展了结构非概率设计理论。姜潮等[42]对基于证据理论的结构可靠性求解方法进行了研究，通过构造优化问题求解极限状态方程的非概率可靠性指标及设计验算点，并构造一辅助区域减少需要进行极值分析的焦元个数、基于区间分析方法减少焦元上极限状态方程的计算次数，有效降低了计算成本。

程跃等[43]在研究水平集拓扑优化方法的基础上，对具有区间参数的不确定性结构的非概率可靠性约束进行了分析，提出了包含非概率可靠度信息的拟安全系数形式，从而将非概率可靠性约束问题显式化处理，使得优化过程形式简单、便于计算，避免了复杂的迭代运算。

在非概率可靠度计算方面，也已经取得了许多研究成果，此处不展开讨论，可参见文献［44－53］。

Kang 等[54]、Luo 等[55]与崔明涛等[56]对非概率可靠性约束下的拓扑优化方法进行了研究。Elishakoff 等[57]对结构可靠性模型中的不确定性因素进行了研究，即研究了结构可靠性估计的可靠性。

在非概率不确定性与其他类不确定性耦合的混合可靠性方面，也取得一些进展。Kang 等[58]对概率和凸集混合模型下的结构可靠性优化设计问题进行了研究。孙文彩等[59]基于区间均布模型和失效积分，推导了随机和区间混合变量下结构可靠性分析方法。Karanki 等[60]、Berleant 等[61]与 Qiu 等[62]用偏于保守的区间模型描述非概率有界变量，将结构失效概率的上限（区间变量取遍所有可能值时，结构有可能失效的概率）用来度量结构的可靠性。基于可靠度下限值的思想，Du 等[63]研究了含随机和区间混合变量的结构可靠性优化设计问题。郭书祥等[64]基于非概率可靠性的无穷范数度量指标，提出了结构可靠性分析的概率和非概率混合模型。通过两级功能方程的逐次建立及可靠性分析，给出了结构可靠性的概率度量，并通过实例分析说明了，在结构可靠性分析中，应根据不确定性的产生机理及所掌握的数据信息合理地选取分析模型。Luo 等[65]用超椭球凸集模型及凸集合族描述结构的非概率有界参量，将随机变量向量的变化域通过凸集变量取实现值时对应的超曲面族划分为三个区域，即绝对安全区域、过渡区域和绝对失效区域，通过优化求解可靠度指标的下限值，得到结构可靠度的下限（凸集变量取任何值时，结构都不可能失效的概率）来度量含随机和凸集混合变量结构的可靠性。尼早等[66－67]基于模糊随机可靠性模型和非概率可靠性模型，提出了结构系统概率－模糊－非概率可靠性模型。此外，Qiu 等[68]与 Wang 等[69－70]基于非概率集合干涉可靠性模型，对概率－非概率混合变量结构的可靠性进行了研究，归结为以随机变量为自变量的集合可靠度的均值，该方法与文献［59］的方法在研究思路上有差异，然而两种方法所得的结果是一致的。

1.2.2 不确定性疲劳寿命分析方法的研究现状

实际结构的疲劳寿命受许多因素的影响，如材料性质、环境载荷、模型参数等，这些因素都具有不可忽略的分散性，在疲劳寿命预测中，应充分考虑参数的分散性对结构寿命的影响。许多学者针对不确定参量服从概率分布的情况进行了研究，如 CL 算法[71]和 RF 算法[72]通过将非正态分布变量在设计点附近等效为正态变量，以通过求解安全指标来估计给定结构寿命下的失效概率。Wu 等[73]提出了改进的一次二阶矩法，该方法可以对隐式寿命函数下的结构疲劳寿命进行概率估计；Wirsching 等[74]采用此方法对裂纹萌生和裂纹扩展进行了疲劳可靠性分析。王旭亮[75]对结构疲劳寿命预测中的大量模糊现象进行了研究，结合概率论、模糊数学和灰色系统理论，对三种不确定性方法在疲劳寿命预测及疲劳可靠性设计中的应用进行了研究。

邱志平、王晓军[76]以区间数学为基础，将不确定性因素用区间进行定量化，借助一阶 Taylor 级数，提出了结构疲劳寿命的区间估计方法。当结构参数不能用概率模型表述时，该方法能给出结构疲劳寿命的偏保守估计，得到结构疲劳寿命的上限值和下限值。该模型克服了概率分析方法需要预先知道大量统计数据的缺陷，且对于线性和非线性问题，在小不确定度下，均能提供足够的精度。

邱志平、王晓军等[77]以凸分析和区间数学为理论基础，将不确定性变量用超椭球进行定量化，基于 Taylor 级数展开，提出了基于超椭球凸模型的结构疲劳寿命预测方法；给出了区间模型和椭球模型之间相互转化的关系，有效解决了非概率参数下结构疲劳寿命的分析问题。

吕震宙、徐有良等[78]基于限界不确定变量下结构疲劳寿命的分析方法，对粉末冶金涡轮盘的寿命进行了稳健性分析与设计，重点分析了对疲劳寿命下限值影响较大的因素，成功地将非概率参数下的疲劳寿命分析方法应用于工程实际。

工程实际问题可能同时含有不同类别的不确定变量，如随机变量和区间变量共存的情况，孙文彩等[79]对含裂纹压力容器随机 - 区间混合变量下的疲劳寿命分析方法进行了研究。根据可查文献，考虑更高阶 Taylor 展开的更为精确的疲劳寿命分析方法和非概率不确定性及模糊不确定性耦合时的寿命估计方法尚未见报道。

1.2.3 非概率不确定性静动力有限元的研究现状

将区间或凸集方法应用在结构有限元分析当中，产生了非概率有限元的概念，这是继概率有限元之后，又一个处理不确定性结构力学问题的新方法。截至目前，该方向无论是在静力学还是动力学方面都已经产生了许多研究成果，并且正持续得到国内外学者的关注，新的研究成果不断涌现。

静力学方面，邱志平[80]采用一阶摄动方法计算了具有区间参数的结构静态响应问题。Koyluoglu 等[81]把区间概念和有限元方法相结合来处理外载和结构的不确定性，提出了一种替代方法，该方法采用一种加速步长搜索方法来寻找未确知量的最优集合。Rao 等48]提出了区间截断法以及穷举组合法：区间截断法一定程度上克服了区间运算的扩张问题；穷举组合法基于区间函数的单调性假设，当不确定性变量较多时，该方法很快变得不可行。陈怀海[82]提出了非确定区间结构系统静态分析的直接优化法。Mullen 等[83]基于模糊集合理论和区间分析考虑了具有不确定结构载荷的结构静力问题。Chen 等[84]以梁结构为对象，研究了基于单元的区间有限元方法，但未考虑刚阵元素之间和荷载分量之间的相关性。郭书祥等[85]将区间分析和有限元方法相结合，提出了非概率不确定结构的一种区间有限元分析方法，将区间有限元静力控制方程中 n 自由度不确定位移场特征参数的求解归结为求解一 $2n$ 阶线性方程组。McWilliam[86]提出了一种修正的区间摄动方法和一种所谓的单调性方法来更准确地求取结构位移范围。杨晓伟等[87]考虑了区间元素之间的相关性，提出了基于单元的静力区间有限元法。Chen 等[88]基于结构位移的一阶摄动，研究了区间参数结构的静力位移响应问题。Qiu 等[89-90]对基于凸集模型和区间分析的静力响应分析方法进行了比较，并将这些方法与概率方法进行了对比研究，并用凸模型和区间分析方法来预测不确定性参数对复合材料屈曲问题的影响[91]。Muhanna 等[92]提出了基于惩罚项的区间有限元求解算法，该方法基于 EBE（Element-by-Element）模型[93]，通过引入惩罚函数，对单元公用节点实施了位移约束。佘远国等[94]考虑刚度矩阵元素间和载荷向量元素间的相关性，提出了改进的区间有限元静力控制方程迭代解法。Ma 等[95]针对桁架结构的静力分析问题，提出了区间有限元分析的区间因子法。Muhanna 等[96]指出了区间有限元的若干发展方向。Qiu 等[97]基于优化理论和区间扩张给出了顶点求解定理的两种证明，并通过算例将顶点求解定理的方法与区间摄动法进行了比较。苏静波等[98]提出了基于单元的子区间摄动有限元方法。邱志平等[99]提出了基于一阶 Taylor 级数展开的静力响应分析方法。朱增青等[100]提出了区间有限元控制方程基于导数信息的仿射算法。刘国梁等[101]利用 Taylor 公式将刚度矩阵的多变量区间非线性表达式线性化，将区间非线性元素转化成区间参数的线性元素，减少了区间运算中的扩张问题。Degrauwe 等[102]采用仿射运算方法一定程度上克服了由于参数相关性而导致的区间运算的扩张问题。李金平等[103]将含区间变量的整体刚度矩阵在区间变量的中值处进行一阶 Taylor 展开，并将刚度矩阵的逆矩阵用一系列的 Nuemann 展开级数来表示，提出了一种区间有限元求解方法。邱志平等[104]提出了基于切比雪夫第一类正交多项式全局逼近目标函数的配点型区间有限元法。Impollonia 等[105]采用 Sherman-Morrison-Woodbury 近似方程的办法一定程度地解决了区间刚度矩阵求逆过程中由于参数相关而带来的结果扩张问题。邱志平[3]建立了椭球凸集和区间模型的转化关系，并研究了基于椭球凸集的结构静力位移上下界的一阶摄动近似公式和二阶摄动近似公式。

动力学方面，吴杰等[106]提出了区间参数结构的动态响应问题的区间优化方法，利用摄动理论和函数区间扩张将区间优化问题转化为近似的确定性优化问题。对于具有区间参数结构的实特征值问题和复特征值问题，Qiu 等[107]将求解标准区间特征值问题的 Deif 方法推广到广义区间特征值问题，提出了扩展 Deif 方法；为克服判断特征向量分量符号不变性的困难和减少计算量，随后又提出了半正定解法[108]、区间参数和区间矩阵摄动法[109]、上下界包含定理[110]。Chen 等[111]针对具有区间参数无阻尼结构系统的实特征值问题提出了基于单元矩阵的区间矩阵摄动法和求解具有区间参数阻尼结构系统复特征值问题的区间参数摄动法[112]。陈怀海[113]等提出了求解实对称矩阵区间特征值问题的直接优化法。王登刚等[114-115]将区间参数结构的固有频率范围的求解转化成两个全局优化问题，并采用实数编码遗传算法求解该问题，算例表明了方法的有效性，但该方法以有限元控制方程本身为优化目标函数，对于大规模问题，计算量将难以忍受。梁震涛等[116]提出了基于改进 Monte Carlo 方法的结构动力区间分析方法，该方法所需的计算量过大仍是其主要问题。Sim 等[117]对有界不确定性参数的模态分析方法进行了研究，包括固有频率和振型等。Wang 等[118]用区间有限元方法对机翼颤振问题进行了分析。

Moens 等[119-121]对静动力有限元的非概率不确定分析方法进行了系统综述和讨论，其中还将区间有限元与模糊有限元结合起来进行了讨论，这几篇文献较全面地展现了基于凸集的有限元方法的研究概况，也充分体现了该方向蓬勃的生命力和重要的工程实际意义。

1.3 本书主要内容

本书主要介绍结构非概率可靠性分析方法、模型及算法等，主要包括相关的研究进展、结构非概率可靠性方法的归纳和讨论、基于模糊凸集的非概率可靠性综合模型及其求解算法、非概率不确定性结构的疲劳寿命分析方法、结构静动力模糊有限元分析方法以及某含裂纹燃气涡轮叶片结构非概率可靠性实例分析等内容。

第 1 章介绍了相关的研究背景，总结了结构非概率可靠性、不确定性疲劳寿命分析和非概率不确定性静动力有限元等方面的国内外研究现状，交代了本书的主要内容。

第 2 章对主要的非概率可靠性模型和方法进行了归纳和讨论，分别从结构稳健可靠性模型、失效区与凸集合干涉时的非概率可靠性模型和结构非概率可靠性综合模型等三个方面归纳和讨论了各方法的优势与不足，为后续章节奠定基础。

第 3 章针对根据小样本数据难以得到确切凸集模型的现实问题，并为了克服传统刚性凸集模型误差难以判断和控制的问题，建立了一种基于模糊凸集的非概率可靠性综合模型，并详细阐述了该模型的求解算法，分析了部分已有算法存在的问题或不足，并作出了修正或改进；针对可靠性指标涉及的积分问题，提出了基于 Gauss-Legendre 求积公式的可靠度指标数值积分方法，从而全面解决了模糊凸集非概率可靠性综合指标的求解问题。

第4章主要阐述非概率不确定性结构的疲劳寿命分析方法。首先介绍了基于一阶Taylor近似的疲劳寿命分析方法，这类方法仅适用于小不确定度问题或非线性程度不高的问题。为了提高分析的精度和方法的适用性，进一步给出了基于二阶Taylor近似的疲劳寿命分析方法，分别阐述了区间模型、超椭球模型和复合凸集模型下的寿命极值求解方法。另，给出了隐式寿命函数的一、二阶导数求导方法、修正的超椭球模型构建方法和疲劳寿命界值的Monte Carlo数字模拟方法。最后，提出了模糊约束集合下的疲劳寿命分析方法及仿真求解方法，给出了一种可行的模糊凸集构建方法。

第5章针对结构含有非概率模糊参数以及凸集模型具有模糊界限的情形，研究了静力响应和动力特征值的模糊特性分析方法，得到了静力响应或动力特征值的可能性分布，并根据对称型F规划理论，给出了模糊约束下结构静力响应和动力特征值的条件极值及其求解方法，为模糊不确定性结构的分析和设计提供了更加科学的、非模糊化的量化指标及决策依据。

第6章以含裂纹燃气涡轮叶片为具体对象，研究了含裂纹缺陷结构的非概率可靠性分析方法。制定了燃气涡轮典型起动运行工况载荷谱，对完整叶片结构进行了瞬态热弹塑性有限元分析，得到了涡轮叶片失效的危险部位及其应力时间变化历程，以此为根据，建立了含裂纹叶片的三维实体模型，经瞬态热弹塑性分析得到了含裂纹结构的弹塑性应力应变场，由ANSYS通用后处理器POST1中的路径操作功能，实现了J积分的数值计算。选取了4个对叶片失效影响较大的变量，并将其处理为模糊区间变量，分析了J积分的近似模糊分布，最终计算得到了含裂纹叶片结构的非概率可靠度，分析过程对非完善结构的非概率可靠性分析有一定的指导价值。

第 2 章　结构非概率可靠性模型的归纳和讨论

目前，非概率可靠性模型大致可分为非概率稳健可靠性模型、失效区与凸集合干涉时的非概率可靠性模型及非概率综合可靠性模型三类。稳健可靠性是以 Ben-Haim 所提出的非概率可靠性理论为基础所发展起来的一类可靠性模型，主要适用于变量凸集与失效域不相交时的可靠性度量问题。当凸集合与失效域发生干涉时，第二类非概率可靠性模型能够更有效地反映失效域与凸集合的干涉程度，揭示结构有可能失效的物理原因。事实上，上述两种模型在应用中都存在局限性，难以全面有效地度量结构的可靠程度。周凌等提出的非概率综合可靠性模型[40]，在一定程度上克服了上述不足，具有较高的理论价值，然而该模型在不确定性参数的描述以及指标的求解方面仍有值得商榷的地方。本章主要对这三类模型进行归纳和讨论，并提出一种新的非概率可靠性模型及其算法。

2.1　非概率稳健可靠性模型

稳健可靠性是最先研究和发展的一类非概率可靠性模型。该模型用凸集模型来处理不确定性参数，并以结构性能对参数不确定性的稳健性来度量结构的可靠性。本节归纳和讨论稳健可靠性范畴内的部分代表性研究成果。

2.1.1　Ben-Haim 的稳健可靠性模型

稳健可靠性理论[12]（Robust Reliability Theory）是 Ben-Haim 教授于 20 世纪 90 年代中期提出来的一类非概率可靠性模型，它的数学基础是凸集模型。其基本思想是：如果系统能够容许较大的不确定性而不失效，即系统对不确定性的变化不敏感，是稳健的，那么该系统是可靠的；反之，如果系统对不确定性是脆弱的，那么该系统是不可靠的。稳健可靠性是系统对于不确定性的稳健性的度量，稳健可靠度由系统能够容许的不确定性扰动的最大程度来度量。

Ben-Haim 在文献［11］中首次定义了一种具有量纲的稳健可靠性度量指标，即将与系统不发生失效相一致的不确定性参数 α 的最大值作为稳健可靠性指标。设系统的不确定性输入可由凸集模型 $U(\alpha_1^*, \boldsymbol{\tilde{u}})$ 描述，系统的不确定性失效集可由凸集模型 $F(\alpha_2^*, \tilde{f})$ 描述，则线性系统的不确定性响应 x 可由具有 ET 特性的凸集模型描述，记为 $X[\alpha_3^*, \tilde{x}(\boldsymbol{\tilde{u}})]$。基于凸集模型的 ET 特性，Ben-Haim 定义了凸集的扩展函数 $D(\cdot, \cdot)$，并在此基础上建立了非概率可靠性指标 η。

当输入集和失效集都不固定时，定义系统的总体非概率可靠性指标 η 为

$$\begin{aligned}\eta &= D\{F(\gamma, \tilde{f}), X[\gamma, \tilde{x}(\boldsymbol{\tilde{u}})]\} \\ &= \inf\{\gamma \geqslant 0 \mid F(\gamma, \tilde{f}) \cap X[\gamma, \tilde{x}(\boldsymbol{\tilde{u}})] \neq \varnothing\}\end{aligned} \tag{2.1.1}$$

当失效集 $F(\alpha_2^*, \tilde{f})$ 恒定时，定义系统的输入非概率可靠性指标 η_{input} 为

$$\begin{aligned}\eta_{\text{input}} &= D_F\{F(\alpha_2^*, \tilde{f}), X[\alpha_3^*, \tilde{x}(\boldsymbol{\tilde{u}})]\} \\ &= \inf\{\gamma \geqslant 0 \mid F(\alpha_2^*, \tilde{f}) \cap X[\gamma, \tilde{x}(\boldsymbol{\tilde{u}})] \neq \varnothing\}\end{aligned} \tag{2.1.2}$$

当输入集 $U(\alpha_1^*, \tilde{u})$ 恒定时，定义系统的失效非概率可靠性指标 η_{failure} 为

$$\eta_{\text{failure}} = D_X\{F(\alpha_2^*, \tilde{f}), X[\alpha_3^*, \tilde{x}(\boldsymbol{\tilde{u}})]\}$$

$$= \inf\{\gamma \geqslant 0 \mid F(\gamma, \tilde{f}) \cap X[\alpha_3^*, \tilde{x}(\tilde{\boldsymbol{u}})] \neq \varnothing\} \tag{2.1.3}$$

式（2.1.1）~（2.1.3）中，集合扩展函数 D 描述了系统响应集和失效集的不确定性扩展。由此定义的可靠性指标指示了系统对不确定性波动的抵抗力，即在不确定性波动水平为 η（或 η_{input}，η_{failure}）下系统不致失效。

讨论1：该指标未与参数的实际不确定性程度发生联系或进行比较，从而难以有效度量既有结构的可靠性；对于具有不同量纲的可靠性问题，该指标不具备可比性；对于同一量纲的不同可靠度之间也无法进行量化比较。此外，当结构响应包含多个指标时，该模型以响应集和失效集的不相交关系作为结构安全和失效的对应关系是错误的，因而得到的可靠性指标也是错误的。邱志平[23]详细讨论了这一点，并提出了新的正确的鲁棒（稳健）可靠性准则。

尽管 Ben-Haim 给出的非概率可靠性模型有值得商榷的地方，但作为结构非概率可靠性理论的创始人之一，他的理论不失为结构可靠性理论的一场“革命”，他的理论为许多人的研究提供了基本思想框架，是非概率可靠性研究的奠基性工作。

李永华[20]等在 Ben-Haim 的稳健可靠性模型的基础上，提出了无量纲的稳健可靠性指标。其用不确定性参数 α 的变异系数 β 来代替不确定性参数 α，将其表示为

$$\beta = \frac{\alpha}{\sigma} \tag{2.1.4}$$

式中，σ 为与稳健可靠性指标相对应的不确定性参数的分散程度（或离差）。

引入变异系数 β 后，确定结构的稳健可靠性就转化为：系统在不发生失效条件下，确定不确定性变异系数 β 的最大值 $\hat{\beta}$。

讨论2：引入变异系数后的稳健可靠性指标，当 $\hat{\beta} > 1$ 时，能够有效地度量结构的可靠程度；当 $0 < \hat{\beta} < 1$ 时，结构存在失效可能，$\hat{\beta}$ 不能有效反映结构失效可能性大小。如：当 $\hat{\beta}$ 接近于0时，结构仍可能存在较高的安全度，即使 $\hat{\beta} = 0$ 也不能说明结构完全失效。因此，对于凸集合与失效域发生干涉的情况，该模型难以发挥作用，如既有含缺陷结构的可靠性评定问题。

2.1.2　基于区间安全因子的稳健可靠性模型

Elishakoff[19] 在对 Ben-Haim 的非概率可靠性概念的讨论中，提出了一种非概率可靠性指标，其定义如下

$$\eta = 1 - 1/s_f(\zeta) \tag{2.1.5}$$

式中，ζ 为与应力有关的凸集不确定性，$s_f(\zeta)$ 为在 ζ 作用下的安全因子，其值由下式计算

$$s_f(\zeta) = \Sigma_y / \Sigma(\zeta) \tag{2.1.6}$$

式中，Σ_y 为许用应力且 $\Sigma_y \in [\underline{\sigma}_y, \overline{\sigma}_y]$，$\Sigma(\zeta)$ 为实际应力且 $\Sigma(\zeta) \in [\underline{\sigma}(\zeta), \overline{\sigma}(\zeta)]$。

讨论：η 取值为一区间，当系统安全时，$s_f(\zeta)$ 所有可能取值都将大于 1，此时区间量 η 将落在区间（0，1）内，且 η 所在区间越靠近 1 说明系统越安全；当系统可能失效时，区间量 η 的下限小于 0，且 η 所在区间越靠近 $-\infty$ 说明系统越不安全。η 在一定程度上可以衡量结构系统的可靠程度，但 η 作为区间值，难以对不同结构的可靠程度做出比较，同时对于 η 下限小于 0 的情况难以给出失效率的量化标准。

2.1.3　基于集合偏序关系的稳健可靠性模型

按照 Ben-Haim 的稳健可靠性准则，只要响应集合和失效集合不相交，即

$$X(t) \cap F(t) = \varnothing \tag{2.1.7}$$

则系统就是安全的。事实上，并非如此。当结构的响应指标多于 1 个时，结构的安全和失效应对应集合间的偏序关系，也就是说任何一个响应指标都应该小于失效集中该响应指标的最小值。邱志平等[23] 指出了 Ben-Haim 这一错误。我们可以在二维平面上考虑两个凸集合 P_1 和 P_2 间的分离关系和偏序关系，如图 2.1 所示。

在图 2.1（a）中，集合 P_1 和 P_2 不相交，即两个集合存在分离关系。根据 Ben-Haim 的稳健可靠性准则，集合 P_1 是安全的。然而，按照传统的安全定义，P_1 中的任何点都应该小于 P_2 中的任何点，即在任何一个维度上，P_1

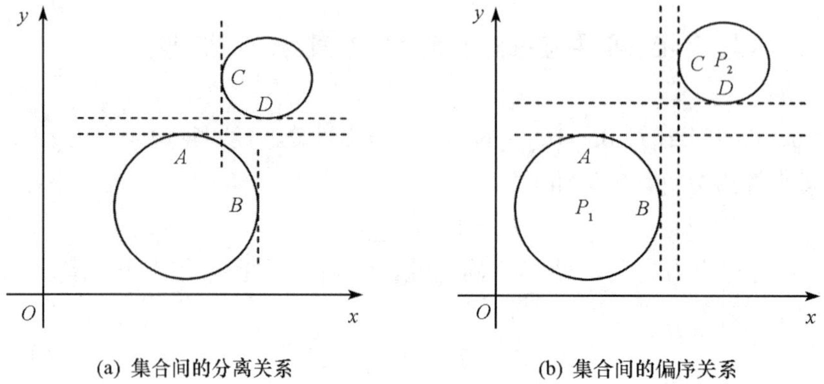

图 2.1　集合间的分离与偏序关系

与 P_2 都不应该相交。然而，在图 2.1（a）所示的集合关系中，不能得到这一结论。在 x 方向上有下列反向不等式成立

$$B_x > C_x \tag{2.1.8}$$

因此，响应集合 P_1 在 x 方向是不安全的，也说明了 Ben-Haim 的稳健可靠性准则是错误的。图 2.1（b）是集合间具有偏序关系的情形，即在任意维度上两个集合均不相交，此时集合 P_1 才是真正安全的。

邱志平等[23]文献中所提出的稳健可靠性准则为：如果至少存在下标 i_0，且有

$$[\inf_{x_{i_0}\in x\in X}\{x_{i_0}(t)\},\ \sup_{x_{i_0}\in x\in X}\{x_{i_0}(t)\}]\cap[\inf_{f_{i_0}\in f\in F}\{f_{i_0}(t)\},\ \sup_{f_{i_0}\in f\in F}\{f_{i_0}(t)\}]\neq\varnothing \tag{2.1.9}$$

则结构失效。

设 $X(\alpha, G, x_u)$ 和 $F(\beta, H, f_0)$ 分别是结构的响应集合和失效集合，则基于偏序关系的稳健可靠性准则所给出的可靠性指标定义为：

（1）当失效不确定参数 β 固定时，响应不确定参数 α 变化，则结构的输入可靠性指标 $\eta_u(t, \beta)$ 为

$$\begin{aligned}\eta_u(t,\beta) &= D_\beta[X(\alpha, G, x_u), F(\beta, H, f_0)]\\ &= \inf\{\alpha\geqslant 0: \sup\{x_{i_0}(t)\} = \inf\{f_{i_0}(t)\},\ \text{对于某个}\ i_0\}\end{aligned} \tag{2.1.10}$$

（2）当响应不确定参数 α 固定时，失效不确定参数 β 变化，则结构的失效可靠性指标 $\eta_f(t,\alpha)$ 为

$$\begin{aligned}\eta_f(t,\alpha) &= D_\alpha[X(\alpha,G,x_u),F(\beta,H,f_0)]\\ &= \inf\{\beta\geqslant 0: \sup\{x_{i_0}(t)\}=\inf\{f_{i_0}(t)\}, \text{对于某个 } i_0\}\end{aligned} \tag{2.1.11}$$

（3）当响应不确定参数和失效不确定参数都以 α 变化时，则结构的综合可靠性指标 $\eta(t)$ 为

$$\begin{aligned}\eta(t) &= D[X(\alpha,G,x_u),F(\alpha,H,f_0)]\\ &= \inf\{\alpha\geqslant 0: \sup\{x_{i_0}(t)\}=\inf\{f_{i_0}(t)\}, \text{对于某个 } i_0\}\end{aligned} \tag{2.1.12}$$

讨论：基于集合偏序关系的稳健可靠性准则纠正了 Ben-Haim 的基于集合分离关系的稳健可靠性准则，由此定义的可靠性指标是一种合理的稳健可靠性指标，可以度量具有多个输出响应或多种失效模式的结构系统的可靠性。然而，正如其他稳健可靠性模型一样，该模型对于失效域与凸集合发生干涉的情况，难以度量结构失效的可能性大小。

2.1.4　基于无穷范数度量的稳健可靠性模型

郭书祥[10,21]等将所有影响结构失效的不确定因素包含在极限状态函数中，并将不确定参数用区间集合表示，基于区间分析提出了非概率可靠性的无穷范数度量指标。

设结构的功能函数为

$$M=g(X)=g(X_1,X_2,\cdots,X_n) \tag{2.1.13}$$

式中，基本变量 X_i（$i=1,2,\cdots,n$）为区间变量，且 $X_i\in X_i^{\mathrm{I}}=(X_i^{\mathrm{L}},X_i^{\mathrm{U}})$。$M>0$ 表示结构安全，$M=0$ 时表示结构处于临界状态，$M<0$ 表示结构失效。

当 $g(\cdot)$ 为连续函数时，M 也为一区间变量，设其均值和离差分别为 M^{c} 和 M^{r}，则非概率可靠性度量指标的基本定义为

$$\eta=M^{\mathrm{c}}/M^{\mathrm{r}} \tag{2.1.14}$$

由式（2.1.14）可以看出，只要 $\eta>1$，则 $\forall X_i\in X_i^{\mathrm{I}}$（$i=1,2,\cdots,n$），

均有 $g(X)>0$，结构安全可靠，且 η 值越大，结构的安全程度越高。如果 $\eta<-1$，则 $\forall X_i\in X_i^{\mathrm{I}}$（$i=1, 2, \cdots, n$），均有 $g(\boldsymbol{X})<0$，结构的失效域包含了结构的基本变量空间，结构必然失效。当 $-1<\eta<1$ 时，对 $\forall X_i\in X_i^{\mathrm{I}}$（$i=1, 2, \cdots, n$），$g(\boldsymbol{X})>0$ 和 $g(\boldsymbol{X})<0$ 均有可能，结构可能安全也可能失效。郭书祥等[21]认为“区间变量属于确定性区间，在区间内取任何值的可能性均存在。从严格意义上讲，此时，不能认为结构是可靠的”。为了进一步描述上述定义的几何和物理意义，郭书祥等[21]给出了基于无穷范数度量的扩展定义

$$\eta=\min(\|\boldsymbol{\delta}\|_{\infty})$$
$$\text{s. t. } M=g(X_1, X_2, \cdots, X_n)=G(\delta_1, \delta_2, \cdots, \delta_n)=0 \qquad (2.1.15)$$

式中，$\delta_i=\dfrac{2X_i-(X_i^{\mathrm{L}}+X_i^{\mathrm{U}})}{X_i^{\mathrm{U}}-X_i^{\mathrm{L}}}$（$i=1, 2, \cdots, n$）为对应于基本区间变量 $X_i\in(X_i^{\mathrm{L}}, X_i^{\mathrm{U}})$ 的标准化区间变量，$\boldsymbol{\delta}=\{\delta_1, \delta_2, \cdots, \delta_n\}$ 为与基本区间变量向量对应的标准化区间变量向量，$\|\boldsymbol{\delta}\|_{\infty}=\max\{|\delta_1|, |\delta_2|, \cdots, |\delta_n|\}$ 为 n 维标准化区间变量空间中的无穷范数距离。

由式（2.1.15）定义的非概率可靠性指标为标准化区间变量的扩展空间中，按无穷范数度量的从坐标原点到失效面的最短距离。若 $\eta>1$，则结构响应的实际波动范围与失效域不相交，结构安全可靠，η 值越大，结构响应的波动范围距离失效域越远，结构的可靠程度越高。当 $0<\eta<1$ 时，结构可能失效也可能安全，郭书祥等[21]认为此时结构是不可靠的。

讨论：上述基于无穷范数而定义的非概率可靠性指标存在如下值得商榷的问题：

（1）该指标的求解往往转化为优化问题，特别是对于高维非线性问题的求解，只能借助优化方法给出可靠性指标的近似估计，分析误差在所难免，而由于该指标以 $\eta=1$ 为结构可靠与不可靠的严格界线，实际应用中，结果的小误差可能导致对结构可靠与否的“误判”。

（2）当结构功能函数为线性时，该指标的基本定义和扩展定义可给出一致的结果，而当结构功能函数为非线性时，两种定义的分析结果存在差别。张建国等[122]等证明了这一点。因此，实际应用中，两种定义得出的结果有可能互相矛盾而给工程人员带来决策困难。

(3) 该指标既考虑了当前不确定性的大小，又是一个无量纲的数值，既能够对已知不确定性下的系统安全程度进行度量，也能够对不同系统的安全程度进行比较。这个指标仍属于稳健可靠性的范畴，当 $-1<\eta<1$（基本定义）或 $0<\eta<1$（扩展定义）时，η 不能有效地度量结构失效域与变量凸集的干涉程度。

此外，一些文献[123-126]采用该模型对实际结构进行了分析，得到了有用的结果，特别是各种不确定性因素对 η 值的影响分析，具有工程参考价值。然而，这些文献多是针对 $\eta>1$ 的情况进行讨论，而对 $\eta<1$ 的结构一概判为不可靠，未能克服指标本身存在的不足。

2.1.5　基于凸集比例因子的稳健可靠性模型

刘成立[22]针对无穷范数度量指标仅能用于区间凸集模型和结构含有单一凸集模型的局限性，通过引入凸集合的比例缩放因子，提出了无穷范数度量指标的扩展函数形式。

通过引入无量纲参数——尺寸参数比例因子 λ，定义如下集合族

$$X(\lambda,\boldsymbol{\alpha},\bar{\boldsymbol{x}})=\{\boldsymbol{x}=(x_1,\cdots,x_i,\cdots,x_n):\ |x_i-\bar{x}_i|\leqslant\lambda\alpha_i,\ i=1,2,\cdots,n\} \tag{2.1.16}$$

式中，$\bar{\boldsymbol{x}}=(\bar{x}_1,\bar{x}_2,\cdots,\bar{x}_n)$ 为位置参数，$\boldsymbol{\alpha}=(\alpha_1,\alpha_2,\cdots,\alpha_n)$ 为多尺度参数向量。

非概率可靠性指标定义为

$$\eta=\min(\lambda)$$
$$\text{s.t.}\begin{cases}M=g(x_1,x_2,\cdots,x_n)\leqslant 0\\ |x_i-\bar{x}_i|\leqslant\lambda\alpha_i\quad i=1,2,\cdots,n\end{cases} \tag{2.1.17}$$

式中，比例缩放因子 λ 的求解公式如下

$$\lambda=\max\left\{\left|\frac{x_1-\bar{x}_1}{\alpha_1}\right|,\left|\frac{x_2-\bar{x}_2}{\alpha_2}\right|,\cdots,\left|\frac{x_n-\bar{x}_n}{\alpha_n}\right|\right\} \tag{2.1.18}$$

将式（2.1.17）的优化问题表示为扩展函数的形式如下

$$\eta=\inf\{\lambda\geqslant 0:\ X(\lambda,\boldsymbol{\alpha},\bar{\boldsymbol{x}})\cap D_{\mathrm{f}}\neq\varnothing\} \tag{2.1.19}$$

式中，$X(\lambda,\boldsymbol{\alpha},\bar{\boldsymbol{x}})$ 为式（2.1.16）定义的集合族，D_{f} 为失效域。

对于含有多种凸集模型的结构，假定全部不确定性因素可以用 m 个凸模型表示，且每个因素仅能属于一个凸集模型，则全部不确定性变量的集合

$$X(\boldsymbol{\alpha},\ \bar{\boldsymbol{x}}) = \bigcap_{i=1}^{m} U_i$$

$$= \left\{ \begin{array}{l} \boldsymbol{x} = (x_1,\ x_2,\ \cdots,\ x_n):\ \boldsymbol{u}_i \in U_i\ (\alpha_i,\ \bar{\boldsymbol{u}}_i),\ i=1,\ 2,\ \cdots,\ m \\ \boldsymbol{u}_1 = (x_1,\ \cdots,\ x_{n_1}),\ \cdots,\ \boldsymbol{u}_m = (x_{n_{m-1}+1},\ \cdots,\ x_{n_m}),\ n=n_m \end{array} \right\} \tag{2.1.20}$$

仍为凸集模型。

含有多个凸模型的集合族表示如下

$$X(\lambda,\ \boldsymbol{\alpha},\ \bar{\boldsymbol{x}})$$

$$= \left\{ \begin{array}{l} \boldsymbol{x} = (x_1,\ x_2,\ \cdots,\ x_n):\ \boldsymbol{u}_i \in U_i\ (\lambda\alpha_i,\ \bar{\boldsymbol{u}}_i),\ i=1,\ 2,\ \cdots,\ m \\ \boldsymbol{u}_1 = (x_1,\ \cdots,\ x_{n_1}),\ \cdots,\ \boldsymbol{u}_m = (x_{n_{m-1}+1},\ \cdots,\ x_{n_m}),\ n=n_m \end{array} \right\} \tag{2.1.21}$$

含多种凸集模型的可靠性指标定义同式（2.1.19）。

讨论： 本节定义的度量指标是对无穷范数度量指标的改进，通过引入尺寸参数比例因子，该模型适用于多类凸集模型共存的情况。该指标是以失效域的点确定的最小 λ 数值作为可靠性指标 η。$\eta>1$ 时，结构安全；$0<\eta<1$ 时，结构有失效的可能性，但不能有效度量结构的失效率；$\eta=0$ 并不代表结构必然失效，仅能说明不确定变量的名义值恰好位于极限状态曲面上，因此文献［22］中"$\eta=0$ 说明结构处于完全失效"的说法与实际不符。

2.1.6 基于 Info-Gap 理论的结构非概率可靠性模型

李昆锋[39]等改进了 Ben-Haim 的 Info-Gap 模型[17]，引入了集合扩展约束参数，来处理工程中具有严格确切边界的不确定变量，在集合分类扩展的基础上，定义了一种非概率可靠性指标。

设结构的基本不确定性向量为 $\boldsymbol{x}$，其不确定性由 Info-Gap 模型 $U(\alpha,\ \tilde{\boldsymbol{x}},\ \hat{\boldsymbol{\theta}})$ 描述，结构的功能函数为 $G(\boldsymbol{x})$，当 $G(\boldsymbol{x})>0$、$G(\boldsymbol{x})=0$ 和 $G(\boldsymbol{x})<0$ 时，结构分别处于安全、临界和失效状态。定义结构非概率可靠性指标 η 为

$$\eta = \operatorname{sgn}[G(\tilde{\boldsymbol{x}})] \max \left\{ \alpha \,\middle|\, \left(\min_{\boldsymbol{x}\in U(\alpha,\tilde{\boldsymbol{x}},\hat{\boldsymbol{\theta}})} \operatorname{sgn}[G(\tilde{\boldsymbol{x}})]\, G(\boldsymbol{x}) \right) \geqslant 0 \right\} \tag{2.1.22}$$

式中，sgn（·）为符号函数。

李昆锋[39]阐释了可靠性指标 η 的意义：$\eta>0$，表示不确定性向量 $\boldsymbol{x}$ 的名义值 $\tilde{\boldsymbol{x}}$ 处于安全域，结构的安全状态具有稳健性，失效状态具有机会性，η 表示了结构安全的稳健度，指在不确定性水平 $\alpha<\eta$ 时结构不会失效；$\eta<0$，表示 $\tilde{\boldsymbol{x}}$ 处于失效域，结构的失效状态具有稳健性，$-\eta$ 表示了结构的失效稳健度，当不确定性水平 $\alpha>-\eta$ 时结构才有安全的可能；$\eta=0$ 表示结构的安全状态和失效状态均不具有稳健性，任何微小的波动即会导致安全状态和失效状态的相互转化。总的来讲，η 在实数域中取值，η 越大表示结构可靠性越高，$\eta=+\infty$ 表示结构必然安全，$\eta=-\infty$ 表示结构必然失效。

讨论：该模型统一了基于无穷范数度量和引入凸集比例因子的非概率可靠性模型。其认为除了能够确定严格界限的变量以外，其余变量的变化范围没有限制，因而 $\eta>1$ 不代表结构绝对安全，$\eta=+\infty$ 才代表结构绝对安全。然而，工程实际中，几乎所有的结构参数都在一定的范围内变化，不存在取值正负无穷的情况，尽管有时难以确知参数的变化范围，但用“无穷”的概念来处理，难免过于粗糙。此外，该指标仍不能对变量凸集与失效域的干涉程度进行有效的度量。

2.2　失效区与凸集合干涉时的非概率可靠性模型

2.1 节所述的 6 种非概率可靠性模型均属于稳健可靠性的范畴，即基于结构响应域与失效域不相交的条件，用不确定性参数的最大变异程度来度量结构的可靠性。当响应域和失效域存在干涉时，稳健可靠性模型不能合理反映结构失效率的大小。周凌等[40]等阐述了稳健可靠性指标所存在的不足。二维标准化空间中的稳健可靠性指标如图 2.2 所示。

在图 2.2（a）中，$\eta_3>\eta_1=\eta_2$，η 的大小真实反映了结构变量凸集合离失效域的远近，即当响应域与失效域不存在干涉时，η 对于不同的极限状态曲面，能够很好地度量它们的非概率可靠性程度并且可比性强。在图 2.2（b）中，结构响应域与失效域存在干涉，且有 $\eta_1=\eta_2$，但 M_1 和 M_2 与凸集干涉的面积不同，η 已不能很好地度量结构的非概率可靠性程度。本质上，η 的扩展几

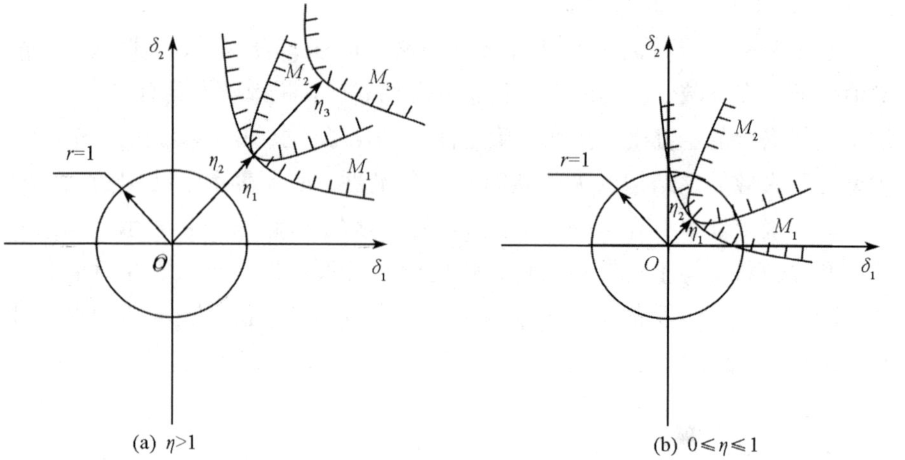

图 2.2 二维标准化空间

何含义只包含了极限状态曲面上最可能失效点这一点的信息，当不发生干涉时度量结构的安全程度是合理的，物理意义是明确的。但当响应域与失效域发生干涉时，仅考虑这一点的信息是不够的，应该考虑干涉域的信息并对其进行度量才合理，此时 η 已无明确物理含义。

下面对变量凸集与失效域存在干涉时的非概率可靠性方法进行归纳和讨论。

2.2.1 基于体积比的结构非概率可靠性模型

王晓军等[31]借鉴应力－强度概率干涉模型的思想，提出了非概率区间干涉模型，在此基础上，用结构安全域的体积与基本区间变量域的总体积之比作为结构非概率可靠性的度量，形成了基于体积比的结构非概率集合可靠性模型。

假定结构功能函数为

$$M(R, S) = R - S \tag{2.2.1}$$

式中，$S \in S^I = [S^L, S^U]$，$R \in R^I = [R^L, R^U]$ 分别为结构的应力区间和强度区间。

结构的基本变量空间被极限状态方程分成安全域和失效域两部分（图

2.3)，极限状态方程为

$$M\ (R,\ S)\ =R-S=0 \tag{2.2.2}$$

对应力和强度区间变量 $S\in S^{\mathrm{I}}$，$R\in R^{\mathrm{I}}$ 做标准化变换

$$\begin{cases}\delta_S=\ (S-S^{\mathrm{c}})\ /S^{\mathrm{r}}\\ \delta_R=\ (R-R^{\mathrm{c}})\ /R^{\mathrm{r}}\end{cases} \tag{2.2.3}$$

式中，$S^{\mathrm{c}}=\ (S^{\mathrm{L}}+S^{\mathrm{U}})\ /2$，$R^{\mathrm{c}}=\ (R^{\mathrm{L}}+R^{\mathrm{U}})\ /2$，$S^{\mathrm{r}}=\ (S^{\mathrm{U}}-S^{\mathrm{L}})\ /2$，$R^{\mathrm{r}}=\ (R^{\mathrm{U}}-R^{\mathrm{L}})\ /2$，$\delta_S\in\ [-1,\ +1]$ 和 $\delta_R\in\ [-1,\ +1]$ 分别为标准化应力区间变量和标准化强度区间变量。将式（2.2.3）代入式（2.2.2）可得

$$M\ (\delta_R,\ \delta_S)\ =R^{\mathrm{r}}\delta_R-S^{\mathrm{r}}\delta_S+\ (R^{\mathrm{c}}-S^{\mathrm{c}})\ =0 \tag{2.2.4}$$

式（2.2.4）称为标准化变量空间中的失效平面。

当应力区间与强度区间发生干涉时，工作应力大于结构强度的可能性大于0，即

$$\eta\ [M\ (\delta_R,\ \delta_S)\ <0]\ >0 \tag{2.2.5}$$

当应力超过强度时，结构将发生故障或失效；当应力小于强度时，结构安全。基于体积比的结构非概率集合可靠度定义为标准化变量空间中的安全域面积与基本区间变量域总面积之比，即

$$R_{\mathrm{set}}=\eta\ [M\ (\delta_R,\ \delta_S)\ >0]\ =\frac{S_{安全域}}{S_{总}} \tag{2.2.6}$$

当结构功能方程为多维区间变量非线性方程时，结构非概率集合可靠度为安全域的超体积与超立方体的总体积之比。

乔心洲[33]等进一步提出了基于椭球凸集的体积比可靠性指标。当结构基本变量在超椭球凸集合内变化时，可将超椭球变换为单位超球体，进而用安全域的超体积与单位超球的总体积之比作为非概率可靠性的度量。对于二维简单功能函数 $M=R-S$，可以给出结构非概率可靠度的精确表达式

$$\begin{cases}F_{\mathrm{set}}=\eta\ [M\ (\delta_R,\ \delta_S)\ <0]\ =\dfrac{V_{失效域}}{V_{圆面}}\\ =\dfrac{\arccos\left[\dfrac{R^{\mathrm{c}}-S^{\mathrm{c}}}{\sqrt{(R^{\mathrm{r}})^2+(S^{\mathrm{r}})^2}}\right]-\dfrac{R^{\mathrm{c}}-S^{\mathrm{c}}}{(R^{\mathrm{r}})^2+(S^{\mathrm{r}})^2}\sqrt{(R^{\mathrm{r}})^2+(S^{\mathrm{r}})^2-(R^{\mathrm{c}}-S^{\mathrm{c}})^2}}{\pi}\\ R_{\mathrm{set}}=1-F_{\mathrm{set}}\end{cases} \tag{2.2.7}$$

式中，R 与 S 的凸集合用式（2.2.8）表示

$$\left(\frac{R-R^{c}}{R^{r}}\right)^{2}+\left(\frac{S-S^{c}}{S^{r}}\right)^{2}\leqslant 1 \tag{2.2.8}$$

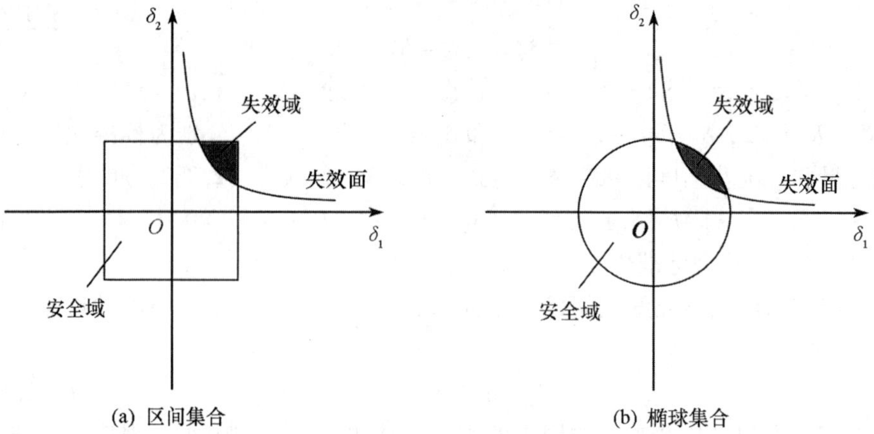

图 2.3　基于体积比的结构非概率可靠性度量

讨论：基于体积比的结构非概率集合可靠性模型能够揭示结构存在一定失效率的原因，且可靠性的非概率度量与凸集内变量服从均匀分布时的概率度量具有相容性。当凸集合与失效区存在干涉时，该模型相对于稳健可靠性模型具有更为明确的物理意义。该模型的不足是不能度量凸集合与失效区分离时的可靠性。此外，曹鸿均等[26]与周凌等[40]给出的椭球凸集的 Monte Carlo 方法值得商榷，本书第 3 章 3.3 节将对此内容进行详细讨论。

2.2.2　基于容差分析的结构非概率可靠性模型

洪东跑等[34]基于区间容差与偏差的概念，定义了一种结构非概率可靠性指标。当某个变量的中心值给定后，结构所允许的最大偏差称为容差，即当其余变量在各自区间内变化时，结构不失效的条件下，所考察变量的最大偏差为该变量的容差。由容差的定义可知，结构所有变量的容差同时大于其偏差或同时小于其偏差。当任何一个变量的容差小于其偏差时，结构的变量域和失效域存在干涉。基于容差分析的结构非概率可靠性模型仅考虑变量域和

失效域存在干涉且容差大于 0 的情况，由各变量容差和偏差定义的非概率可靠性指标为

$$\eta = 1 - \frac{\prod_{i=1}^{n}(d_{Si} - \delta_{Si})\prod_{j=1}^{m}(d_{rj} - \delta_{rj})}{2^{m+n+1}\prod_{i=1}^{n} d_{Si}\prod_{j=1}^{m} d_{rj}} \tag{2.2.9}$$

讨论：经仔细分析发现，当结构的极限状态方程为线性形式时，该指标与基于体积比的集合干涉非概率可靠性指标具有等价性，可靠性度量结果相同。然而，当极限状态方程为非线性形式时，该指标仅能考虑各变量容差的大小，而不能考虑极限状态曲面非线性的影响。为了说明这一现象，以图 2.4 为例进行说明。

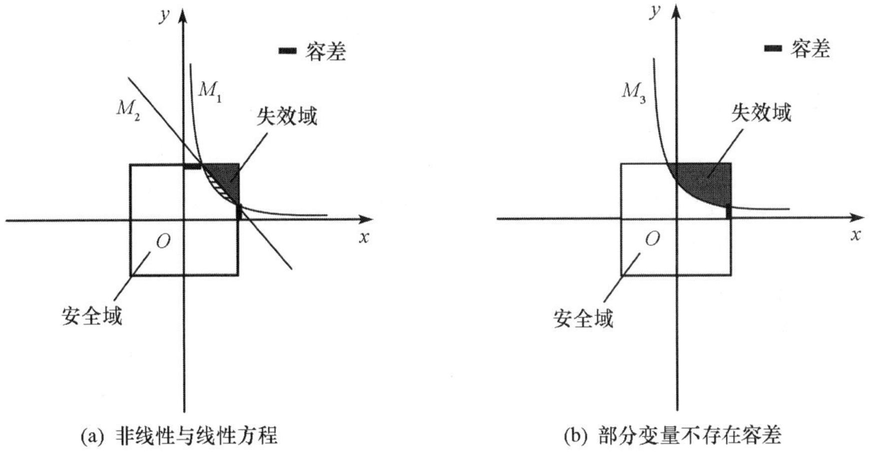

图 2.4　基于容差分析的非概率可靠性指标

在图 2.4（a）中，M_1为非线性极限状态曲面，M_2为线性极限状态曲面。由于M_1和M_2与凸集合边界的交点相同，使得 x 和 y 的容差分别相等，从而根据式（2.2.9）得到的非概率可靠度也相同，即图中深色三角形面积与凸集合总面积之比。然而，由图 2.4（a）可以看出，两个极限状态曲面与凸集合的干涉程度并不相同，对于非线性的M_1来说，干涉区域还应包括横线阴影部分，因而，当极限状态曲面为非线性形式时，该模型不能合理地反映凸集合与失效域的干涉程度。此外，在图 2.4（b）中，变量 x 不具有容差，此时，

该模型失去了度量能力。因而，对于部分变量不存在容差的情况，该模型不能给出非概率可靠性的度量，在应用中受到了较大限制。

2.2.3 考虑权重因素的结构非概率可靠性模型

方鹏亚等[37]认为在区间内根据样本分布的稀疏，在不同的区段定义不同的权重可以提高样本信息的利用率和可靠性分析的精度。设 a_1，a_2，…，a_n 为影响结构可靠性的参量，结构功能函数为 $M=g(a_1, a_2, \cdots, a_n)$，则考虑权重因素的非概率可靠性分析步骤如下：

（1）采用熵判定[127]的方法对参量 a_i（$i=1, 2, \cdots, n$）的实验数据进行预处理，剔除粗大误差，得到其可用数据量 j_i（$i=1, 2, \cdots, n$），区间表示为 $a_i^{\mathrm{I}}=[a_i^{\mathrm{L}}, a_i^{\mathrm{U}}]$，式中，$a_i^{\mathrm{L}}$ 和 a_i^{U} 分别为参量 a_i 剔除粗差后剩余数据中的最小值和最大值。

（2）将参量区间 a_i 三等分，每个子区间表示为 a_{iq}（$i=1, 2, \cdots, n$；$q=1, 2, 3$）；统计落在子区间 a_{iq} 内的数据量 k_{iq}（$i=1, 2, \cdots, n$；$q=1, 2, 3$），得出实验数据落在子区间 a_{iq} 内的频率值 k_{iq}/j_i。在非概率可靠性分析时，各参量子区间组合在一起，共有 3^n 种组合结果，将每种组合内的参量子区间的频率值相乘，便得到该组合的权重值 l_m（$m=1, 2, \cdots, 3^n$）。

（3）利用区间运算法则或最优化理论计算各组合下的非概率可靠性指标 η_m（$m=1, 2, \cdots, 3^n$），再根据 PDF 区间比较法则计算各组合下的结构可靠度 P_m（$m=1, 2, \cdots, 3^n$）。PDF 是区间比较法则的一种，其可以对任意位置关系的两区间进行比较。对区间数 $x \in x^{\mathrm{I}}=[x^{\mathrm{L}}, x^{\mathrm{U}}]$ 和 $y \in y^{\mathrm{I}}=[y^{\mathrm{L}}, y^{\mathrm{U}}]$，定义 $x \geqslant y$ 的可能度为

$$P(x \geqslant y)=\min\left\{\max\left\{\frac{x^{\mathrm{U}}-y^{\mathrm{L}}}{w[x^{\mathrm{I}}]+w[y^{\mathrm{I}}]}, 0\right\}, 1\right\} \tag{2.2.10}$$

式中，$w[x^{\mathrm{I}}]$ 和 $w[y^{\mathrm{I}}]$ 分别是区间 x^{I} 和 y^{I} 的宽度。在强度和应力都为区间变量的可靠性分析中，根据式（2.2.10）和 2.1.4 节中基于无穷范数的非概率可靠性指标的基本定义，可得结构强度大于结构应力的可能度为

$$P(R \geqslant S)=\min\left\{\max\left\{\frac{1}{2}(\eta+1), 0\right\}, 1\right\} \tag{2.2.11}$$

（4）对每种组合得出的可靠度 P_m 进行加权平均，得出最终的可靠度 $P = \sum_{m=1}^{m=3^n} P_m l_m$。

讨论：之所以把该模型作为凸集合与失效区有干涉时的非概率可靠性模型，是因为当凸集合与失效区不发生干涉时，该模型得出的结果总是 1。当凸集合与失效区有干涉时，本质上该指标是用结构极限状态函数值的区间数大于 0 的可能性来度量结构可靠性，即用极限状态函数值大于 0 这一部分的宽度与区间总宽度之比作为非概率可靠性度量。当极限状态函数为非线性函数时，这个指标并不能真实地反映凸集合和失效区的干涉程度，仅仅考察极限状态函数值的取值区间不足以反映结构的可靠程度。

2.2.4　与样本信息匹配的结构非概率可靠性模型

唐樟春等[35]利用积累数据所提供的频率信息，建立了一种与样本信息匹配的非概率可靠性模型。其基本思想是：利用积累数据自然形成的子区间，对结构参数的各种子区间组合，采用 2.2.1 节基于区间干涉的非概率可靠性方法求得各子区间组合的非概率可靠度，然后利用子区间在积累数据中出现的可能性相等的条件，由每个子区间可靠度的平均值作为最终的可靠性度量。

设强度和应力分别有 i 和 j 个数据，由这些数据分别得到 $i-1$ 和 $j-1$ 个数据子区间。强度子区间和应力子区间组合数目为 $(i-1)\times(j-1)$ 个。对于每一个子区间组合分别计算非概率集合可靠度 R_k（$k=1, 2, \cdots, (i-1)\times(j-1)$）。根据各个子区间上的可靠度 R_k，用下式求得结构的可靠度

$$R = \frac{1}{(i-1)(j-1)} \sum_{k=1}^{(i-1)(j-1)} R_k \tag{2.2.12}$$

讨论：该方法是对基于体积比的区间干涉非概率可靠性模型的一种改进。非概率可靠性理论解决的是小样本甚至极小样本的可靠性分析问题，当样本数据较少时，样本的频数信息并不稳定且难以真实地反映变量的分布信息，而只有在数据信息较多时，样本频数才趋于稳定。因此，小样本数据下该模型的分析结果也将是不稳定的，进而影响了可靠度指标的可比性和有效性。

2.2.5 基于区间分段描述的非概率可靠性模型

孙文彩[38]根据切比雪夫不等式和“3σ 原则”，对基于体积比的区间干涉非概率可靠性模型进行了改进。当不确定性量用区间描述时，如 $x \in [x^L, x^U]$，将不确定性量变化区间视为其“$\pm 3\sigma$”区间，即 $x \in [x^c - 3\sigma, x^c + 3\sigma]$，其中 $x^c = (x^L + x^U)/2$，为 x 的均值。由概率统计理论可知，如果随机变量 ξ 的方差有限，则对任意 $\varepsilon > 0$，有

$$P\{|\xi - E(\xi)| \geq \varepsilon\} \leq \frac{D(\xi)}{\varepsilon^2} \tag{2.2.13}$$

式中，$E(\xi)$ 和 $D(\xi)$ 分别为 ξ 的均值和方差。式（2.2.13）称为切比雪夫不等式[128]，其等价形式为

$$P\{|\xi - E(\xi)| < \varepsilon\} \geq 1 - \frac{D(\xi)}{\varepsilon^2} \tag{2.2.14}$$

依据式（2.2.13）和式（2.2.14）可建立如下关系式

$$\begin{cases} P\{|x - x^c| < 2\sigma\} \geq 3/4 \\ P\{2\sigma \leq |x - x^c| \leq 3\sigma\} \leq 1/4 \end{cases} \tag{2.2.15}$$

将式（2.2.15）保守处理为如下等式

$$\begin{cases} P\{|x - x^c| < 2\sigma\} = 3/4 \\ P\{2\sigma \leq |x - x^c| \leq 3\sigma\} = 1/4 \end{cases} \tag{2.2.16}$$

将变量在上述分段子区间内采用均匀分布假设，可建立 x 的区间分段均匀分布

$$f(x) = \begin{cases} 9/(16x^r) & |x - x^c| < 2x^r/3 \\ 3/(8x^r) & 2x^r/3 \leq |x - x^c| \leq x^r \\ 0 & x \notin [x^L, x^U] \end{cases} \tag{2.2.17}$$

式中 $x^r = (x^U - x^L)/2$，为 x 的离差。x 的概率密度曲线如图 2.5 所示。

基于上述区间分段描述模型，可通过 Monte Carlo 模拟计算非概率可靠度

$$R = \lim_{n \to \infty} \frac{k}{n} \tag{2.2.18}$$

式中，n 为模拟计算的总次数，k 为极限状态函数 $M(\cdot) > 0$ 的抽样次数。

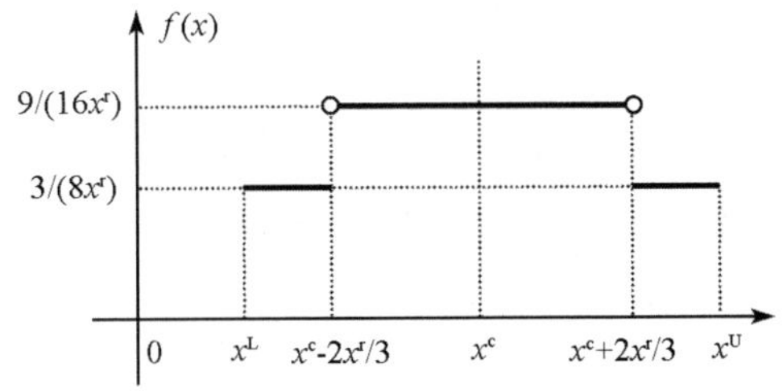

图 2.5　分段描述方法的概率密度函数

讨论：该模型利用切比雪夫不等式得到了一些有用的分布信息，推导严谨，且模型本身不依赖于实际样本的频数统计，适用性较好，有效改善了基于体积比的区间干涉非概率可靠性度量方法。该模型的不足在于难以对超椭球等复杂凸集变量的分布信息予以处理，且由“3σ”假设而引起的近似误差难以判断。该模型同样不能适用于凸集合与失效域不发生干涉时的可靠性问题。

2.3　非概率综合可靠性模型

周凌等[40]综合考虑失效域与凸集合发生干涉和不发生干涉两种情况，提出了超椭球凸集合可靠性综合指标及其算法。将区间变量视为特殊的一维椭球，则多个超椭球凸集合下的可靠性综合指标定义为

$$\kappa' = \begin{cases} \eta' & \eta' > 1 \\ R'_{\text{set}} & 0 \leqslant \eta' \leqslant 1 \end{cases} \tag{2.3.1}$$

式中，R'_{set}为基于体积比的非概率可靠度，η'为稳健可靠性指标，当$0 \leqslant \eta' \leqslant 1$，即失效域与凸集合发生干涉时，用$R'_{\text{set}}$度量结构的可靠性，物理意义更为明确。$\eta'$的表达式为

$$\eta' = \text{sgn}\left[g'(0)\right] \min\left(\max_{i=1,2,\cdots,k} \delta_i = \sqrt{\Delta \boldsymbol{v}_i^{\text{T}} \Delta \boldsymbol{v}_i}\right) \tag{2.3.2}$$

$$\text{s. t.}\ g'(\Delta \boldsymbol{v}) = g(\boldsymbol{Y}) = 0$$

式中，δ_i 为第 i 个超椭球凸集合的等效区间变量，$\Delta \boldsymbol{v}_i$ 为第 i 个单位超球空间

向量，$\boldsymbol{Y}$ 为多个超椭球空间内的向量。g'（$\Delta\boldsymbol{v}$）和 g（$\boldsymbol{Y}$）分别为单位化超球空间与超椭球空间内的极限状态函数。

对于用多个超椭球凸集合描述结构不确定参数的情况，其非概率可靠性指标 η'为极小－极大值问题。当每一个超椭球中只有一个变量时，η'退化为非概率区间可靠性指标 η，所以式（2.3.2）统一了超椭球凸集合与区间集合下的稳健可靠性指标。

文献［46］证明了基于区间模型的稳健可靠性指标只可能存在于标准化区间变量的扩展空间中通过坐标原点和区间集合顶点的超射线与标准化失效面的某一交点处，即

$$\begin{cases} g''(\pm\delta_1, \pm\delta_2, \cdots, \pm\delta_k) = g'(\Delta\boldsymbol{v}) = 0 \\ |\pm\delta_1| = |\pm\delta_2| = \cdots = |\pm\delta_k| \end{cases} \tag{2.3.3}$$

从而将 η'的极小－极大值问题转换为求解标准化空间中的原点到极限状态曲面最短距离的问题，即

$$\eta' = \operatorname{sgn}[g'(0)]\frac{1}{\sqrt{k}}\min_{\Delta\boldsymbol{v}}\sqrt{\sum_{i=1}^{k}\delta_i}$$

$$\text{s. t. } G(\Delta\boldsymbol{v}) = \frac{1}{2}\left\{[g'(\Delta\boldsymbol{v})]^2 + C\left[\sum_{i=1}^{k-1}(\delta_i - \delta_{i-1})^2 + (\delta_k - \delta_1)^2\right]\right\} = 0 \tag{2.3.4}$$

约束函数 G（$\Delta\boldsymbol{v}$），既保证 η'处的坐标值在极限状态曲面上，又保证满足式（2.3.3）的必要条件。针对极限状态方程非线性程度较高时，改进的一次二阶矩法迭代不收敛的情况，文献［40］提出了改进的有限步长迭代法（MLSA）。当用 MLSA 求得 η'之后，若 $0\leqslant\eta'\leqslant1$，则需求 R'_{set}值。针对多维非线性功能函数，安全域的体积难以计算的问题，该文提出采用 Monte Carlo 法求解 R'_{set}，即将每一个超椭球凸集合变换为单位化超球体，在区间球坐标内进行均匀采样，再通过球坐标与正交坐标系坐标的转换，得到正交坐标系内的模拟样本，并实现 Monte Carlo 仿真求解。

讨论：上述的非概率综合可靠性模型，融合了稳健可靠性模型和基于集合干涉的非概率可靠性模型各自的优势，可靠性度量指标的物理意义更为明确，分析结果更加合理。该模型未对凸集尺度参数的确定问题予以讨论，刚性凸集模型的适用性值得商榷。此外，关于超椭球凸集的 Monte Carlo 模拟方

法也存在不合理之处。这几个问题将在第 3 章展开详细讨论。尽管该模型及算法尚有一些问题值得商榷，但该模型的提出不失为非概率可靠性研究的一个突破，有较高的理论价值。

第 3 章　模糊凸集非概率可靠性综合模型研究

由第 2 章的归纳和讨论可见，结构非概率可靠性主要分成了三个类别：稳健可靠性模型、失效区与凸集合干涉时的非概率可靠性模型和非概率综合可靠性模型。不难发现，许多模型只是在凸集合的表达方式（或理论的表现形式）上有所区别，而所阐述的可靠性意义或物理意义在本质上是一致的。经过多年的研究，结构非概率可靠性理论取得了长足的进展，然而在贫信息不确定性的数学描述、非概率可靠性模型的综合性研究以及非概率可靠性计算方面仍是薄弱环节，需要进行更深层次的探讨。

目前，多数文献都认为，当数据信息较少时，虽然难以确定结构参数的概率密度函数，但参数的变化范围易于确定，且都采用具有确切边界的刚性凸集来研究结构非概率可靠性的度量问题。然而，事实上，并非如此，给定一个具有少量样本的数据集合，并非能轻易获得参数变化的确切范围，这应是一个不该回避的问题。本章将在传统凸集的基础上，研究建立模糊凸集模型，以及基于模糊凸集的非概率可靠性综合模型，并对可靠性指标的求解算法进行详细研究。

3.1　模型介绍

3.1.1　模糊凸集定义和理论根据

在模糊数学中，采用隶属度函数来描述一个元素与某一个概念下的相容程度，同时其也代表某个元素是 F 的可能性。比如，Joins 吃 4 个鸡蛋当早餐的可能性是 0. 8，即 Joins 能吃 4 个鸡蛋的相容性为 0. 8，但 Joins 吃 4 个鸡蛋当早餐的概率却为 0。一般来说，可能性与概率之间存在如下关系

$$\begin{cases} \text{概率（大）} \underset{\nleftarrow}{\rightarrow} \text{可能性（大）} \\ \text{概率（小）} \underset{\leftarrow}{\nrightarrow} \text{可能性（小）} \end{cases} \tag{3.1.1}$$

可见，可能性和概率是两个不同属性的不确定性数学方法。当概率密度函数难以获取时，依然可以从可能性的角度来刻画某个参数的不确定性，且由式（3. 1. 1）可以看出，可能性分布的不确定性测度比概率分布的不确定性测度往往要大。在工程问题中，当得不到概率密度函数时，应用可能性分布是偏于安全的。

从统计成本的角度来看，可能性分布函数与概率密度函数尽管都需要统计数据做支撑，但由于数据来源和统计方法不同，所需成本有所差别。概率密度函数的统计以客观试验数据做支撑，表示的是由于因果关系不明确而使某一可重复试验的结果具有随机不确定性，其概率分布需要对大量的试验数据进行统计才能得到；可能性分布函数是以主观统计数据做支撑的，可以通过专家打分或问卷调查等方式进行统计，因此，在工程实际中，可能性分布函数的确定要比概率密度函数的确定所需成本低得多。许多场合，由于试验成本、试验周期等的限制，无法得到充足的试验数据，而可能性分布函数是相对容易得到的。因此，模糊理论和凸集理论都是解决小样本可靠性问题的有力工具。

下面将在凸 F 集的基础上，定义模糊凸集的概念。首先给出凸 F 集和凸

集合的定义。凸 F 集是以实数 $\mathbf{R}$ 为论域而定义的。

定义 3.1：设 $\mathbf{R}$ 是实数域，$\tilde{A} \in F(\mathbf{R})$，若 $\forall x_1, x_2, x_3 \in \mathbf{R}$，且 $x_1 > x_2 > x_3$，均有

$$\tilde{A}(x_2) \geqslant \tilde{A}(x_1) \wedge \tilde{A}(x_3) \tag{3.1.2}$$

则称 $\tilde{A}$ 是凸 F 集。

定义 3.2：设 $\boldsymbol{C} \subset \mathbf{R}^n$，如果 $\forall \boldsymbol{x}, \boldsymbol{y} \in \boldsymbol{C}$，$\forall t \in [0, 1]$，有 $(1-t)\boldsymbol{x} + t\boldsymbol{y} \in \boldsymbol{C}$，则称 $\boldsymbol{C}$ 是凸集合。

将凸 F 集的概念延伸，并结合非概率可靠性研究的实际，定义如下模糊凸集的概念。

定义 3.3：设 $\tilde{u}$ 为 $\mathbf{R}^n$ 上的正规模糊子集，$\mu_{\tilde{U}}(\boldsymbol{x})$ 是它的隶属函数，若 $\forall \boldsymbol{x}, \boldsymbol{y} \in \mathbf{R}^n$，$\forall t \in (0, 1)$，且 $\boldsymbol{z} = (1-t)\boldsymbol{x} + t\boldsymbol{y}$，均有

$$\tilde{U}(\boldsymbol{z}) \geqslant \tilde{U}(\boldsymbol{x}) \wedge \tilde{U}(\boldsymbol{y}) \tag{3.1.3}$$

则称 $\tilde{U}$ 是一个模糊凸集。

由凸 F 集的定义 3.1，有如下推论：

推论 1：凸 F 集的截集必为区间；截集为区间的 F 集必为凸 F 集。

由定义 3.3，有如下类似推论：

推论 2：模糊凸集的截集必为凸集合；截集为凸集合的 F 集必为模糊凸集。

证：设 $\tilde{U}$ 为模糊凸集，$\forall \lambda \in [0, 1]$，若 $\boldsymbol{x}_1, \boldsymbol{x}_2 \in U_\lambda$，即

$$\tilde{U}(\boldsymbol{x}_1) \geqslant \lambda, \quad \tilde{U}(\boldsymbol{x}_2) \geqslant \lambda \tag{3.1.4}$$

$\forall t \in (0, 1)$，记 $\boldsymbol{x}_3 = (1-t)\boldsymbol{x}_1 + t\boldsymbol{x}_2$，由定义 3.3 有

$$\tilde{U}(\boldsymbol{x}_3) \geqslant \tilde{U}(\boldsymbol{x}_1) \wedge \tilde{U}(\boldsymbol{x}_2) \geqslant \lambda \tag{3.1.5}$$

所以，$\boldsymbol{x}_3 \in U_\lambda$，故 U_λ 为凸集合。

反之，设 $\tilde{U}$ 为论域 $\mathbf{R}^n$ 上的模糊集，$\forall \boldsymbol{x}_1, \boldsymbol{x}_2 \in \mathbf{R}^n$，取 $\lambda = \tilde{U}(\boldsymbol{x}_1) \wedge \tilde{U}(\boldsymbol{x}_2)$，则

$$\boldsymbol{x}_1 \in U_\lambda, \quad \boldsymbol{x}_2 \in U_\lambda \tag{3.1.6}$$

$\forall t\in(0,1)$，记 $\boldsymbol{x}_3=(1-t)\boldsymbol{x}_1+t\boldsymbol{x}_2$，因为 U_λ 为凸集合，故 $\boldsymbol{x}_3\in U_\lambda$，即

$$\tilde{U}(\boldsymbol{x}_3)\geqslant\lambda=\tilde{U}(\boldsymbol{x}_1)\wedge\tilde{U}(\boldsymbol{x}_2) \tag{3.1.7}$$

所以，$\tilde{U}$ 为模糊凸集。

值得注意，在凸 F 集的定义中并未要求正规模糊集的条件，而在模糊凸集的定义中限定了正规模糊集的条件，这是因为在结构非概率可靠性分析中，由小量样本确定的凸集合应作为模糊凸集的核，即满足 $Ker(\tilde{U})\neq\Phi$ 的条件。

上面建立的模糊凸集模型拓展了模糊数学中凸 F 集的概念，且符合工程实际需求。当模糊凸集的维数为一维时，其退化为正规的凸 F 集，也即模糊数[129]。在模糊数学中，区间数被视为一种特殊的模糊数，模糊数的核为一闭区间。那么，多维空间中的普通凸集合则可以视为一种特殊的模糊凸集，且模糊凸集的核也为一个凸集合。

在非概率可靠性分析中，由于样本信息的匮乏，普通的刚性凸集模型难以判断和控制与实际的偏差，而考虑边界信息的不确切性，构建描述参数不确定性的模糊凸集应能较好地解决这一问题，且由于隶属函数或可能性函数的确定是基于主观统计数据的，对客观试验数据的依赖性较低，使得该模型适于解决小样本可靠性问题。

3.1.2　典型模糊凸集模型的建立

当应用凸集模型解决实际问题时，人们常常选择那些具有数学解析表达式、应用方便的凸集模型。下面根据几种常用的凸集模型，引入新的参数——模糊扩展参数，建立相应的模糊凸集模型。

（1）区间模糊凸集模型

$$\tilde{U}(\tilde{\theta},\phi,\bar{u})=\{u\,|\,|u-\bar{u}|\leqslant\tilde{\theta}\phi\},\quad\tilde{\theta}\in F(\mathbf{R}) \tag{3.1.8}$$

式中，ϕ 为区间模糊凸集的核所对应的区间离差，$\tilde{\theta}$ 为模糊扩展参数。

（2）n 维超椭球模糊凸集模型

$$\tilde{U}(\tilde{\theta},\ \phi,\ \bar{\boldsymbol{u}}) = \{\boldsymbol{u} \mid (\boldsymbol{u}-\bar{\boldsymbol{u}})^{\mathrm{T}}\boldsymbol{W}(\boldsymbol{u}-\bar{\boldsymbol{u}}) \leqslant (\tilde{\theta}\phi)^2\},\quad \tilde{\theta}\in F(\mathbf{R}) \tag{3.1.9}$$

式中，$\boldsymbol{W}$ 为实对称正定矩阵。

（3）Minkowski 范数模糊凸集模型

$$\tilde{U}_r(\tilde{\theta},\ \phi,\ \bar{\boldsymbol{u}}) = \{\boldsymbol{u} \mid \|\boldsymbol{W}^{1/2}(\boldsymbol{u}-\bar{\boldsymbol{u}})\|_r \leqslant \tilde{\theta}\phi\},\quad \tilde{\theta}\in F(\mathbf{R}) \tag{3.1.10}$$

式中，$\|\cdot\|_r$ 为 Minkowski 范数，$\boldsymbol{W}$ 为实对称正定矩阵，$\boldsymbol{W}^{1/2}=\boldsymbol{\Lambda}^{1/2}\boldsymbol{Q}$，$\boldsymbol{W}=\boldsymbol{Q}^{\mathrm{T}}\boldsymbol{\Lambda}\boldsymbol{Q}$，$\boldsymbol{Q}$ 为正交矩阵，$\boldsymbol{\Lambda}$ 为对角矩阵。

（4）累积能量界限模糊凸集模型

$$\begin{aligned}&\tilde{U}[\tilde{\theta},\phi,\bar{\boldsymbol{u}}(t)]\\ =&\left\{\boldsymbol{u}(t) \mid \int_0^{+\infty}[\boldsymbol{u}(t)-\bar{\boldsymbol{u}}(t)]^{\mathrm{T}}\boldsymbol{W}[\boldsymbol{u}(t)-\bar{\boldsymbol{u}}(t)]\mathrm{d}t \leqslant (\tilde{\theta}\phi)^2\right\},\quad \tilde{\theta}\in F(\mathbf{R})\end{aligned} \tag{3.1.11}$$

（5）斜率界限模糊凸集模型

$$\tilde{U}[\tilde{\theta},\phi,\bar{u}(t)] = \left\{u(t) \,\middle|\, \left|\frac{\mathrm{d}[u(t)-\bar{u}(t)]}{\mathrm{d}t}\right| \leqslant \tilde{\theta}\phi\right\},\quad \tilde{\theta}\in F(\mathbf{R}) \tag{3.1.12}$$

（6）复合模糊凸集模型

设不确定性向量 $\boldsymbol{x}=(x_1,\ x_2,\ \cdots,\ x_n)^{\mathrm{T}}$ 可表示为 $\boldsymbol{x}=(\boldsymbol{u}_1^{\mathrm{T}},\ \boldsymbol{u}_2^{\mathrm{T}},\ \cdots,\ \boldsymbol{u}_k^{\mathrm{T}})^{\mathrm{T}}$，$k\leqslant n$，其中 $\boldsymbol{u}_i$（$i=1,\ 2,\ \cdots,\ k$）为向量 $\boldsymbol{x}$ 的子向量。各子向量的不确定性分别由 k 个不同的模糊凸集模型 $\tilde{U}_i(\tilde{\theta}_i,\ \phi_i,\ \bar{\boldsymbol{u}}_i)$（$i=1,\ 2,\ \cdots,\ k$）描述。由子模型 $\tilde{U}_i(\tilde{\theta}_i,\ \phi_i,\ \bar{\boldsymbol{u}}_i)$ 复合构成 $\boldsymbol{x}$ 的模糊凸集模型 $\tilde{U}(\tilde{\boldsymbol{\theta}},\ \boldsymbol{\phi},\ \bar{\boldsymbol{u}})$

$$\tilde{U}(\tilde{\boldsymbol{\theta}},\boldsymbol{\phi},\bar{\boldsymbol{x}}) = \bigcap_{i=1}^{k}\tilde{U}_i(\tilde{\theta}_i,\phi_i,\bar{\boldsymbol{u}}_i) = \int_{\boldsymbol{u}\in\mathbf{R}^n}\frac{\tilde{U}_1(\boldsymbol{u}_1)\wedge\tilde{U}_2(\boldsymbol{u}_2)\wedge\cdots\wedge\tilde{U}_k(\boldsymbol{u}_k)}{\boldsymbol{x}} \tag{3.1.13}$$

式中，$\int$ 表示论域中的元素 $\boldsymbol{x}$ 与其隶属度的对应关系的总括，$\boldsymbol{x}=(\boldsymbol{u}_1^{\mathrm{T}},\ \boldsymbol{u}_2^{\mathrm{T}},\ \cdots,$

$\boldsymbol{u}_k^{\mathrm{T}})^{\mathrm{T}}$，$\bar{\boldsymbol{x}}=$（$\bar{\boldsymbol{u}}_1^{\mathrm{T}}$，$\bar{\boldsymbol{u}}_2^{\mathrm{T}}$，$\cdots$，$\bar{\boldsymbol{u}}_k^{\mathrm{T}}$）^{T}，$\tilde{\boldsymbol{\theta}}=(\tilde{\theta}_1, \tilde{\theta}_2, \cdots, \tilde{\theta}_k)^{\mathrm{T}}$ 为 k 个子模型的模糊扩展参数 $\tilde{\theta}_i$ 构成的模糊向量，$\boldsymbol{\phi}=$（ϕ_1，ϕ_2，$\cdots$，ϕ_k）为 k 个子模型的核所对应的凸集尺度参数向量。

模糊扩展参数 $\tilde{\theta}$ 的可能性分布为偏小型分布，其几种典型分布型式如图 3.1 所示。

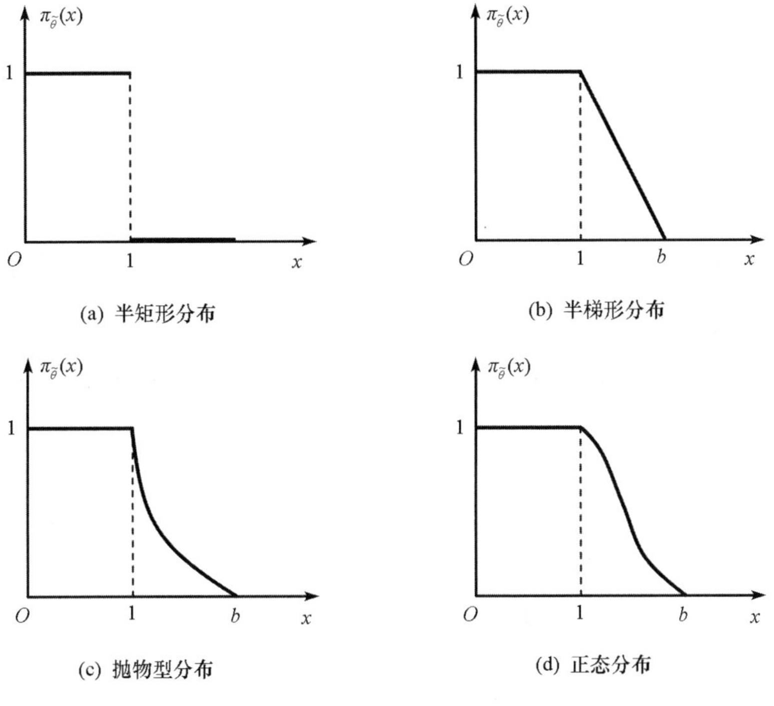

(a) 半矩形分布　(b) 半梯形分布

(c) 抛物型分布　(d) 正态分布

图 3.1　$\tilde{\theta}$ 的典型分布

除此之外，还有哥西分布型式、岭形分布型式、半 Γ 分布型式、半凹（凸）分布型式等。

3.1.3　模糊凸集非概率可靠性综合指标的定义

3.1.2 节在普通凸集模型基础上，通过引入新的参数——模糊扩展参数，建立了一些典型的模糊凸集模型。在实际应用中，模糊凸集的类型和模糊扩展参数的分布型式可以灵活选用。比如，当确切知道某一个参数的波动范围时，其模糊扩展参数的分布型式可选用半矩形分布，此时，模糊凸集自动退化为普通的刚性凸集。理论上，只有对主观经验的全面调查统计才能确定模糊扩展参数的可能性分布，然而，这种对主观数据的统计所需要的成本往往是可以接受的。

设结构的极限状态方程为

$$M=G(\boldsymbol{x})=G(x_1, x_2, \cdots, x_n)=0 \tag{3.1.14}$$

式中，$\boldsymbol{x}=(x_1, x_2, \cdots, x_n)$ 为结构不确定性参数向量。$G(\boldsymbol{x})=0$ 将结构变量空间划分成失效域 Ω_{f} 和安全域 Ω_{s} 两部分。

设描述结构参数不确定性的复合模糊凸集模型为 $\tilde{U}(\tilde{\boldsymbol{\theta}}, \boldsymbol{\phi}, \bar{\boldsymbol{x}})$，根据模糊凸集模型的性质，$\tilde{U}(\tilde{\boldsymbol{\theta}}, \boldsymbol{\phi}, \bar{\boldsymbol{x}})$ 的任意水平下的截集均为凸集，且有

$$\begin{aligned}\tilde{U}_{\lambda}(\tilde{\boldsymbol{\theta}}, \boldsymbol{\phi}, \bar{\boldsymbol{x}}) &= U[\boldsymbol{\pi}_{\tilde{\theta}}^{-1}(\lambda), \boldsymbol{\phi}, \bar{\boldsymbol{x}}] \\ &= U_1[\boldsymbol{\pi}_{\tilde{\theta}_1}^{-1}(\lambda), \phi_1, \bar{\boldsymbol{x}}_1] \cap U_2[\boldsymbol{\pi}_{\tilde{\theta}_2}^{-1}(\lambda), \phi_2, \bar{\boldsymbol{x}}_2] \cap \\ &\quad \cdots \cap U_k[\boldsymbol{\pi}_{\tilde{\theta}_k}^{-1}(\lambda), \phi_k, \bar{\boldsymbol{x}}_k]\end{aligned} \tag{3.1.15}$$

式中，$\boldsymbol{\pi}_{\tilde{\theta}}^{-1}(\lambda)=[\boldsymbol{\pi}_{\tilde{\theta}_1}^{-1}(\lambda), \boldsymbol{\pi}_{\tilde{\theta}_2}^{-1}(\lambda), \cdots, \boldsymbol{\pi}_{\tilde{\theta}_k}^{-1}(\lambda)]^{\mathrm{T}}$，可见，模糊凸集的截集是由模糊扩展参数的截集来控制的。模糊凸集下的稳健可靠性指标为一个模糊数，设其可能性分布函数为 $\boldsymbol{\pi}_{\tilde{\eta}}(x)$，则对于 λ 水平截集下的凸集 $U[\boldsymbol{\pi}_{\tilde{\theta}}^{-1}(\lambda), \boldsymbol{\phi}, \bar{\boldsymbol{x}}]$，定义结构的稳健可靠性指标

$$\begin{aligned}\eta(\lambda) &= \boldsymbol{\pi}_{\tilde{\eta}}^{-1}(\lambda) \\ &= \mathrm{sgn}[G(\bar{\boldsymbol{x}})] \max\{\chi \mid \min_{\boldsymbol{x}\in U(\chi\pi_{\tilde{\theta}}^{-1}(\lambda), \boldsymbol{\phi}, \bar{\boldsymbol{x}})} \mathrm{sgn}(G(\bar{\boldsymbol{x}}))\, G(\boldsymbol{x}) \geqslant 0\}\end{aligned} \tag{3.1.16}$$

当 $|\eta(\lambda)| \leqslant 1$ 时，凸集 $U[\boldsymbol{\pi}_{\tilde{\theta}}^{-1}(\lambda), \boldsymbol{\phi}, \bar{\boldsymbol{u}}]$ 与失效域 Ω_{f} 发生干涉，此时，定义如下的非概率可靠性指标

$$R_{\mathrm{set}}(\lambda)=\boldsymbol{\pi}_{\tilde{R}_{\mathrm{set}}}^{-1}(\lambda)=\frac{V(\lambda)_{\mathrm{safe}}}{V(\lambda)_{\mathrm{all}}} \tag{3.1.17}$$

λ 水平截集下的非概率可靠性综合指标定义为

$$\kappa(\lambda)=\pi_{\tilde{\kappa}}^{-1}(\lambda)=\begin{cases}\eta(\lambda) & \eta(\lambda)>1\\ R_{\text{set}}(\lambda) & |\eta(\lambda)|\leqslant 1\\ \eta(\lambda)+1 & \eta(\lambda)<-1\end{cases} \tag{3.1.18}$$

上式定义的指标为普通凸集模型下的非概率可靠性综合指标，适用于凸集合名义值位于失效域的情形，相对于文献［40］所定义的指标［见式(2.3.1)］有更好的适用性，且保证了可靠性指标在实数域内的连续性。模糊凸集下的结构总体非概率可靠性综合指标定义为

$$R'=\int_0^1\kappa(\lambda)\mathrm{d}\lambda=\int_0^1\pi_{\tilde{\kappa}}^{-1}(\lambda)\mathrm{d}\lambda \tag{3.1.19}$$

当凸集合的名义值位于失效域且凸集合与安全域发生干涉时，稳健可靠性指标小于0，而综合可靠性指标大于0，此时的稳健可靠性指标已不能明确表示结构的可靠性程度。图3.2说明了这一点。

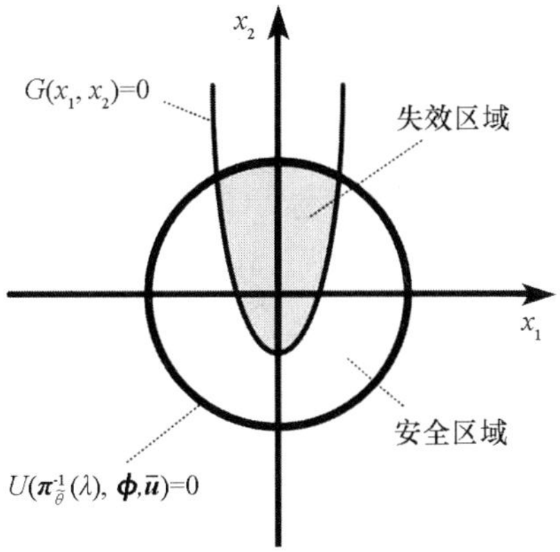

图3.2　$\eta(\lambda)<0$，$\kappa(\lambda)>0$ 的情况

在图3.2中，如果按照稳健可靠性模型来分析的话，得到的可靠度小于0，而综合可靠性指标 $\kappa(\lambda)>0$，且由图中可以看出，尽管 $\eta(\lambda)<0$，但失效域的面积远小于安全域的面积，因此由综合可靠性指标度量结构的非概率可靠性能够更加全面、合理地反映结构失效域与凸集合的干涉程度，从而反映结构失效率的大小。同时，模糊凸集下结构总体非概率可靠性指标综合考虑了结构参数的不确定性以及凸集模型的不确切性，是对小样本结构可靠程度的一种更加全面、合理的非概率的度量。

3.2 指标的求解算法

本节就常用的区间模型和超椭球模型，研究模糊凸集非概率可靠性综合指标的计算问题。首先给出复合凸集模型单位化的方法，然后对非概率可靠性算法中的一些问题进行讨论，并系统地给出算法。

3.2.1 复合凸集模型的单位化

任一截集水平下的非概率可靠性指标，理论上是由该截集水平下的原始凸集的扩展或失效域与原始凸集的干涉而得到的。然而，直接采用原始凸集进行计算往往是不现实的，在算法设计上存在较大的难度。因此，首先需要将凸集模型进行单位化处理。

设描述结构参数不确定性的复合凸集模型包含 p 个区间模型和 m 个超椭球模型。对于区间变量向量 $\boldsymbol{X}$，可以通过下式将其转化为标准化区间变量向量

$$\boldsymbol{X}=\boldsymbol{X}^{c}+\boldsymbol{\delta}_1\Delta\boldsymbol{X},\qquad \boldsymbol{\delta}_1\in[-1,\ 1]^{p} \tag{3.2.1}$$

式中，$\boldsymbol{X}^{c}$ 为区间向量 $\boldsymbol{X}$ 的中心值向量，$\boldsymbol{\delta}_1$ 为 p 维标准化区间向量，$\Delta\boldsymbol{X}$ 为 $\boldsymbol{X}$ 的离差向量，p 为区间变量向量的维数。

设第 i 个超椭球模型为

$$\boldsymbol{X}_i\in\boldsymbol{E}_i(\boldsymbol{X}_i,\theta_i)=\{\boldsymbol{X}_i:(\boldsymbol{X}_i-\boldsymbol{X}_i^0)^{\mathrm{T}}\boldsymbol{\Omega}_i(\boldsymbol{X}_i-\boldsymbol{X}_i^0)\leqslant\theta_i^2\},\quad i=1,2,\cdots,m \tag{3.2.2}$$

对正定矩阵 $\boldsymbol{\Omega}_i$ 做如下特征值分解

$$\boldsymbol{\Omega}_i=\boldsymbol{Q}_i^{\mathrm{T}}\boldsymbol{D}_i\boldsymbol{Q}_i,\qquad \boldsymbol{Q}_i^{\mathrm{T}}\boldsymbol{Q}_i=\boldsymbol{I}_i \tag{3.2.3}$$

式中，$\boldsymbol{D}_i$为对角矩阵，$\boldsymbol{I}_i$为单位矩阵。引入向量

$$\boldsymbol{u}_i=(1/\theta_i)\ \boldsymbol{D}_i^{1/2}\boldsymbol{Q}_i\boldsymbol{X}_i \tag{3.2.4}$$

根据式（3.2.2），可得

$$\boldsymbol{u}_i\in\{\boldsymbol{u}_i:\ (\boldsymbol{u}_i-\boldsymbol{u}_i^0)^{\mathrm{T}}\ (\boldsymbol{u}_i-\boldsymbol{u}_i^0)\ \leqslant1\},\qquad i=1,\ 2,\ \cdots,\ m \tag{3.2.5}$$

或

$$\Delta \boldsymbol{u}_i \in \{\Delta \boldsymbol{u}_i: \Delta \boldsymbol{u}_i^{\mathrm{T}} \Delta \boldsymbol{u}_i \leqslant 1\}, \quad i=1, 2, \cdots, m \tag{3.2.6}$$

通过上述变换，即把原来的超椭球凸集转化为单位超球体。由式（3.2.4)可得

$$\boldsymbol{X}_i = \theta_i \boldsymbol{Q}_i^{\mathrm{T}} \boldsymbol{D}_i^{-1/2} \boldsymbol{u}_i = \theta_i \boldsymbol{Q}_i^{\mathrm{T}} \boldsymbol{D}_i^{-1/2} (\Delta \boldsymbol{u}_i + \boldsymbol{u}_i^0) \tag{3.2.7}$$

将式（3.2.1）和式（3.2.7）代入结构原始极限状态方程，可得标准化极限状态方程

$$M = G'(\boldsymbol{\delta}_1, \Delta \boldsymbol{u}_1, \Delta \boldsymbol{u}_2, \cdots, \Delta \boldsymbol{u}_m) = 0 \tag{3.2.8}$$

为了表达方便，将标准化极限状态方程统一记为

$$M = G'(\boldsymbol{\delta}) = G'(\delta_1, \delta_2, \cdots, \delta_n) = G'(\Delta \boldsymbol{u}_1, \Delta \boldsymbol{u}_2, \cdots, \Delta \boldsymbol{u}_k) = 0 \tag{3.2.9}$$

式中，n 为结构不确定性变量空间的总维数，$\Delta \boldsymbol{u}_i$（$i=1, 2, \cdots, k$）为第 i 个子模型的标准化变量向量。

3.2.2　稳健可靠性指标的优化算法

3.2.2.1　对稳健可靠性指标存在位置的讨论

江涛等[46]指出，区间模型下的稳健可靠性指标只可能存在于标准化区间变量的扩展空间中通过原点和区间集合顶点的超射线与标准化失效面的某一交点处，且给出了详细证明。一些文献基于这一结论研究了非概率可靠性计算方法[40,45-46,130]。

然而，关于该结论的证明过程并不严谨，所得结论有所偏颇。为节省篇幅，本节不对其证明过程进行讨论，仅以反例的形式说明该结论存在的问题。

下面仅以图3.3所示的简单二维情形进行说明。在图3.3中，M_1所代表的极限状态曲面在二维空间内呈单调递减状。由标准化区间集合扩展所得到的稳健可靠性指标确实存在于通过原点与区间集合顶点的超射线与标准化极限状态曲面的某个交点处。然而，图中M_2的稳健可靠性指标的位置却不在区间集合的原点－顶点超射线上。事实上，可以证明，如果标准化极限状态曲面在标准化区间变量的扩展空间中是一单调曲面，那么，文献［46］的结论是正确的，而对于非单调变化的极限状态曲面，这一结论不恒成立。

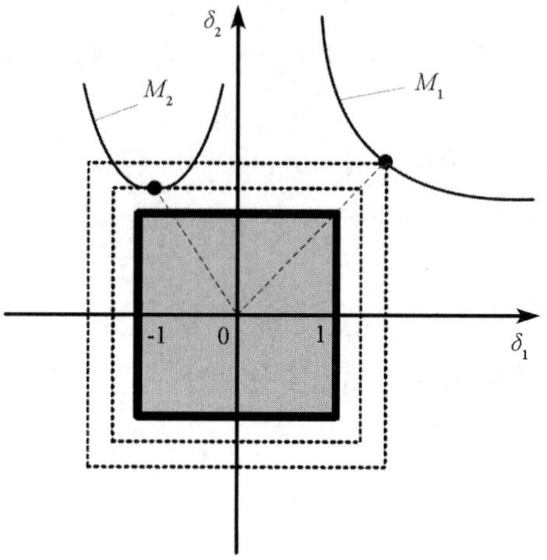

图 3.3　区间稳健可靠性指标所在位置

当极限状态曲面单调时，关于结论的证明如下。

证：设 n 维标准化极限状态曲面 $M=G(\delta_1,\ \delta_2,\ \cdots,\ \delta_n)=0$ 为单调变化的曲面，并假设稳健可靠性指标所在点为 $\boldsymbol{\delta}'=(\delta_1',\ \delta_2',\ \cdots,\ \delta_n')$。下面用反证法证明。

设 $|\delta_1'|=|\delta_2'|=\cdots=|\delta_n'|$ 的关系不成立，即该点不在标准化区间集合的原点－顶点超射线上，且不妨设 $|\delta_1'|=\|\boldsymbol{\delta}'\|_\infty=\max\limits_{1\leqslant i\leqslant n}\{|\delta_i'|\}>|\delta_2'|$。由于 $M=0$ 为单调曲面，因此该曲面在任意两个维度上呈现单调变化的趋势。

情况 1：设在点 $\boldsymbol{\delta}'=(\delta_1',\ \delta_2',\ \cdots,\ \delta_n')$，$|\delta_1|$ 随 $|\delta_2|$ 递增，则 $\forall 0<\varepsilon<|\delta_2'|$，令 $\delta_2''=\mathrm{sgn}(\delta_2')(|\delta_2'|-\varepsilon)$，假设点 $\boldsymbol{\delta}''=(\delta_1'',\ \delta_2'',\ \delta_3',\ \cdots,\ \delta_n')$ 在标准化极限状态曲面 $G_\xi(\boldsymbol{\delta})=0$ 上，则有 $|\delta''_1|<|\delta_1'|$，从而有 $\|\boldsymbol{\delta}''\|_\infty<\|\boldsymbol{\delta}'\|_\infty$，故 $\boldsymbol{\delta}'$ 不可能是极限状态曲面上无穷范数极小点，即不可能是稳健可靠性指标所在位置。

情况 2：设在点 $\boldsymbol{\delta}'=(\delta_1',\ \delta_2',\ \cdots,\ \delta_n')$，$|\delta_1|$ 随 $|\delta_2|$ 递减，则 $\forall 0<\varepsilon<(|\delta_1'|-|\delta_2'|)$，令 $\delta_2''=\mathrm{sgn}(\delta_2')(|\delta_2'|+\varepsilon)$，假设点 $\boldsymbol{\delta}''=(\delta_1'',\ \delta_2'',\ \delta_3',\ \cdots,\ \delta_n')$ 在标准化极限状态曲面 $G(\boldsymbol{\delta})=0$ 上，有 $|\delta_1''|<|\delta_1'|$，同时，$|\delta_2''|=(|\delta_2'|+\varepsilon)<|\delta_1'|$，从而有 $\|\boldsymbol{\delta}''\|_\infty<\|\boldsymbol{\delta}'\|_\infty$，故 $\boldsymbol{\delta}'$ 不可能是极限状态曲面上无穷范数极小点，即不可能是稳健可靠性指标所在位置。

综上，$\boldsymbol{\delta}'=(\delta_1', \delta_2', \cdots, \delta_n')$ 不可能是稳健可靠性指标的所在位置。故必有 $|\delta_1'|=|\delta_2'|=\cdots=|\delta_n'|$ 成立。

当不确定变量用超椭球凸集来描述时，可将超椭球凸集变换为单位超球体，则在此超球空间内，极限状态曲面无论呈单调变化还是非单调变化，稳健可靠性指标所在点均不一定满足 $|\delta_1'|=|\delta_2'|=\cdots=|\delta_n'|$ 的条件。如图 3.4 所示，标准化超球空间内的极限状态曲面 $G'(\boldsymbol{\delta})=0$ 呈单调变化，而稳健可靠性指标所在位置的点坐标却不满足各分量绝对值相等的条件。

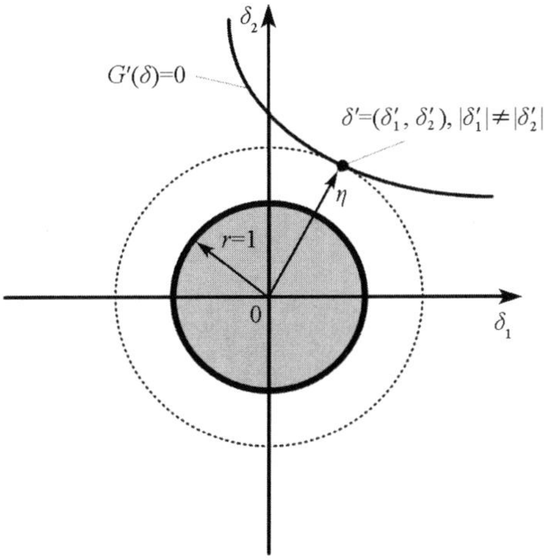

图 3.4　超椭球稳健可靠性指标所在位置

根据上述讨论，当用区间 - 超椭球复合凸集模型描述结构变量的不确定性时，有如下两个推论：

（1）当标准化空间中的极限状态曲面为单调情形时，则在稳健可靠性指标的位置点，存在如下关系

$$|\delta_1'|=|\delta_2'|=\cdots=|\delta_p'|=\delta_{p+1}^*=\cdots=\delta_{p+m}^* \tag{3.2.10}$$

式中，δ_1'，δ_2'，…，δ_p' 为 p 个标准化区间变量的坐标值，δ_{p+1}^*，…，δ_{p+m}^* 为 m 个超球模型的半径。

（2）当标准化空间中的极限状态曲面为非单调情形时，则在稳健可靠性指标的位置点，不总存在如下任一关系

$$\begin{cases} |\delta_1'| = |\delta_2'| = \cdots = |\delta_p'| \\ \delta_{p+1}^* = \delta_{p+2}^* = \cdots = \delta_{p+m}^* \\ |\delta_1'| = |\delta_2'| = |\delta_p'| = \delta_{p+1}^* = \delta_{p+2}^* = \cdots = \delta_{p+m}^* \end{cases} \tag{3.2.11}$$

可见，如果极限状态函数为非单调函数或难以确定函数是否单调时，试图增加约束条件和缩小可行解的范围，是非常困难的。

3.2.2.2 改进的粒子群优化算法

对于任一截集水平下的非概率可靠性综合指标的计算，需要首先计算该截集水平下的稳健可靠性指标。

由式（3.1.16）的定义，$\eta(\lambda)$ 的物理意义为，在 $\boldsymbol{x}$ 所在的向量空间 $\boldsymbol{\Omega}$ 中，以不确定性水平参数 χ 度量的凸集模型 $U[\chi\boldsymbol{\pi}_{\tilde{\theta}}^{-1}(\lambda), \boldsymbol{\phi}, \bar{\boldsymbol{x}}]$ 中心点 $\bar{\boldsymbol{x}}$ 到失效面 $G(\boldsymbol{x})=0$ 的最短距离。在标准化变量空间中，$\eta(\lambda)$ 可通过如下含有约束的优化问题求解

$$\begin{cases} \eta(\lambda) = \mathrm{sgn}[G'(\boldsymbol{0})] \cdot |\eta(\lambda)| \\ |\eta(\lambda)| = \min\limits_{\delta} \rho(\boldsymbol{\delta}) \\ \mathrm{s.t.}\ G'(\boldsymbol{\delta}) = 0 \end{cases} \tag{3.2.12}$$

式中，$\rho(\boldsymbol{\delta})$ 为由复合凸集模型 $U[\chi\boldsymbol{\pi}_{\tilde{\theta}}^{-1}(\lambda), \boldsymbol{\phi}, \bar{\boldsymbol{x}}]$ 的标准化凸集模型导出的任意点 $\boldsymbol{\delta}$ 到原点的距离，表达式为

$$\rho(\boldsymbol{\delta}) = \max_{i=1,2,\cdots,k} \delta_i^* = \sqrt{\Delta\boldsymbol{u}_i^{\mathrm{T}}\Delta\boldsymbol{u}_i} \tag{3.2.13}$$

根据3.2.2.1节的分析，当极限状态曲面非单调变化时，难以有效缩减稳健可靠性指标的可行域，为了使方法具有普遍的适用性，本节研究基于全局优化的粒子群优化算法（Particle Swarm Optimization，PSO）中稳健可靠性指标求解算法。

PSO算法不仅适用于连续函数的优化问题，对具有离散特征的组合优化问题同样具有很好的适用性。李昆锋[39]的研究也表明，PSO算法非常适合于非概率可靠性指标的求解。根据李昆锋[39]的做法，通过引入惩罚项，可建立如下的无约束优化问题

$$|\eta(\lambda)| = \min_{\boldsymbol{\delta}\in\boldsymbol{\Omega}} \{\rho(\boldsymbol{\delta}) + C_1\Psi_1[G'(\boldsymbol{\delta})]\} \tag{3.2.14}$$

式中，

$$\Psi_1[G'(\boldsymbol{\delta})]=\begin{cases}1 & \operatorname{sgn}[G'(\boldsymbol{0})]G'(\boldsymbol{\delta})>0\\0 & \operatorname{sgn}[G'(\boldsymbol{0})]G'(\boldsymbol{\delta})\leqslant 0\end{cases}\tag{3.2.15}$$

sgn（·）为符号函数，C_1为惩罚因子。由于非概率可靠性指标通常是一个较小的数，故惩罚因子一般取 $C_1\geqslant 10$ 即可。

根据式（3.2.14），通过引入惩罚项，使原来的含约束优化问题变成了无约束优化问题。为了进一步提高 PSO 算法的性能和优化效率，进一步在适应度函数中引入一个惩罚项，相当于在凸集合名义值关于极限状态曲面的对立侧增加一个约束条件，而优化问题仍保持为无约束问题，其形式为

$$|\eta(\lambda)|=\min_{\boldsymbol{\delta}\in\Omega}\{\rho(\boldsymbol{\delta})+C_1\Psi_1[G'(\boldsymbol{\delta})]+C_2\Psi_2[\xi,G'(\boldsymbol{\delta})]\}\tag{3.2.16}$$

式中，

$$\Psi_2[\xi,G'(\boldsymbol{\delta})]=\begin{cases}1 & -\xi-\operatorname{sgn}[G'(\boldsymbol{0})]G'(\boldsymbol{\delta})>0\\0 & -\xi-\operatorname{sgn}[G'(\boldsymbol{0})]G'(\boldsymbol{\delta})\leqslant 0\end{cases}\tag{3.2.17}$$

ξ 为控制搜索域尺度的参数，C_2为第二项惩罚因子。C_2的取值原则与 C_1类似，比 C_1稍大或取值相同都能够满足要求。由于 PSO 算法对适应度函数的可微性没有要求，引入式（3.2.17）的惩罚函数是可行的，且能够有效提高 PSO 的优化效率。图 3.5 为算法的示意图。

PSO 算法的执行步骤：

步骤 1：确定粒子的适应度函数。取粒子的适应度函数 $f(\boldsymbol{\delta})$ 为

$$f(\boldsymbol{\delta})=\rho(\boldsymbol{\delta})+C_1\Psi_1[G'(\boldsymbol{\delta})]+C_2\Psi_2[\xi,G'(\boldsymbol{\delta})]\tag{3.2.18}$$

式中，$\boldsymbol{\delta}$ 的取值代表了粒子的位置，$\rho(\boldsymbol{\delta})$ 如式（3.2.13）所示。将问题置为最小优化问题。

步骤 2：确定位置范围和最大速度。根据问题实际，将标准化复合凸集模型进行一个较大幅度的扩展，并以扩展后凸集的外接超长方体区域 $\boldsymbol{I}_n=[\boldsymbol{\delta}^{\mathrm{L}},\boldsymbol{\delta}^{\mathrm{U}}]$ 作为搜索位置的范围。同时设定最大速度

$$\boldsymbol{v}_{\max}=0.2\times(\boldsymbol{\delta}^{\mathrm{U}}-\boldsymbol{\delta}^{\mathrm{L}})\tag{3.2.19}$$

步骤 3：确定粒子群参数，如种群数目 l、惯性因子 ω、加速因子 c_1和 c_2、收缩因子 χ 等。

步骤 4：迭代求解。在 $\boldsymbol{I}_n$ 中随机抽取 l 个样本作为种群初始位置，基于所

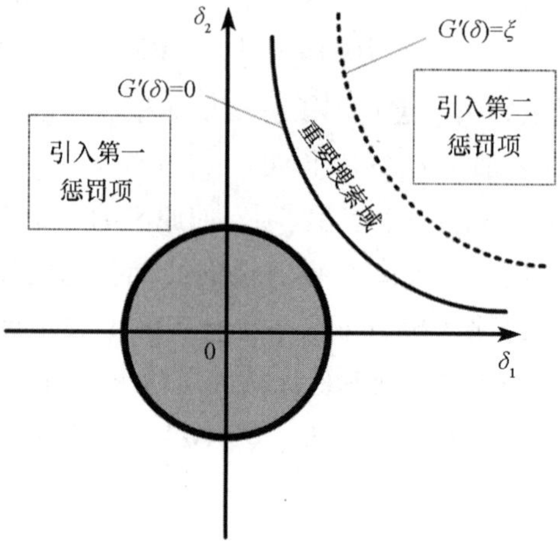

图 3.5　PSO 算法示意图

选定的粒子群临域模式，求取粒子历史最优位置 δ_b、全局最优位置 $\boldsymbol{\delta}_{gb}$ 和临域最优位置 $\boldsymbol{\delta}_{nb}$。由更新公式（2.5.12）和（2.5.13）确定粒子群下一步的搜索位置，并计算适应度函数值，依次进行迭代求解，直至满足终止条件。

步骤 5：输出非概率可靠性指标的绝对值 $|\eta(\lambda)|$。$|\eta(\lambda)|$ 由全局最优位置 $\boldsymbol{\delta}_{gb}$ 确定，记 $\boldsymbol{\delta}_{gb}=(\Delta\boldsymbol{u}_{1gb}^{T},\ \Delta\boldsymbol{u}_{2gb}^{T},\ \cdots,\ \Delta\boldsymbol{u}_{kgb}^{T})^{T}$，则有

$$|\eta(\lambda)|=\rho(\boldsymbol{\delta}_{gb})=\max_{i=1,2,\cdots,k}\delta_i^*=\sqrt{\Delta\boldsymbol{u}_{igb}^{T}\Delta\boldsymbol{u}_{igb}} \tag{3.2.20}$$

由式（3.2.12）可得到结构的稳健可靠性指标。改进后的 PSO 算法进一步提高了算法性能和优化效率，由该算法可获得任意截集水平下的稳健可靠性指标，且精度较高，后续的算例将对该方法进行进一步验证。

3.2.3　超椭球凸集的 Monte Carlo 算法与修正

由非概率可靠性综合指标的定义式（3.1.18），当 $|\eta(\lambda)|\leqslant 1$ 时，需计算失效区与凸集合干涉时的非概率可靠性指标 $R_{set}(\lambda)$。

周凌等[40]针对高维超椭球以及非线性复杂极限状态函数情况时，计算结构安全域和失效域体积存在的困难，提出采用 Monte Carlo 方法进行仿真计算，其主要步骤为首先将超椭球模型变换为超球体，并将正交坐标系转化为球坐

标系，通过在球坐标的区间集合内进行均匀抽样实现超球体内 Monte Carlo 样本的抽取。设第 i 个超球的维数为 n_i，则其球坐标为（r，θ_1，θ_2，…，θ_{n_i-1}），其分量为区间变量，即 $r\in[0,1]$，$\theta_1\sim\theta_{n_i-2}\in[0,\pi]$，$\theta_{n_i-1}\in[0,2\pi]$，正交坐标系中的直角坐标和球坐标之间的转换式为

$$\begin{cases}\Delta u_{i,1}=r\cos\theta_1\\ \Delta u_{i,2}=r\sin\theta_1\cos\theta_2\\ \vdots\\ \Delta u_{i,n_i-1}=r\sin\theta_1\sin\theta_2\cdots\sin\theta_{n_i-2}\cos\theta_{n_i-1}\\ \Delta u_{i,n_i}=r\sin\theta_1\sin\theta_2\cdots\sin\theta_{n_i-2}\sin\theta_{n_i-1}\end{cases}\tag{3.2.21}$$

通过上述坐标转换，实现了正交坐标系内超球凸集的 Monte Carlo 抽样。然而，在球坐标系中均匀分布的样本转换到正交坐标系中，已经不是均匀分布，而应是随着半径的增大，样本点逐渐变得稀疏。图 3.6 为二维单位圆内抽取 900 个样本点的情形，由图大致可以看出，随着半径的增大，样本呈现逐渐稀疏的趋势。

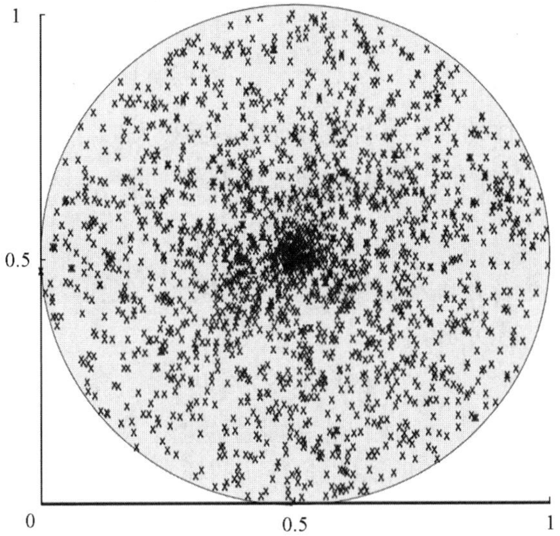

图 3.6　二维单位坐标圆内的样本分布

实际上，出现上述现象的原因并不复杂，在球坐标系内，样本是按半径

方向均匀分布的，即在任意半径处，样本发生的概率相等，换言之，宽度相等的环形域所包含的样本数目趋于一致，因此，半径增大时，环形域面积随之增大，样本自然变得稀疏。

如果要获取超球体的正交坐标系下的均匀分布样本，则需要改变半径 r 的抽样密度函数。下面就着重研究这一问题，并将会发现，随着超球维数的不同，所要求的 r 的密度函数也不同。

由数学分析的知识可知，n 维超球体的体积计算公式为

$$V_n = \frac{\pi^{\frac{n}{2}} R^n}{\Gamma\left(\frac{n}{2}+1\right)} = C_n R^n \tag{3.2.22}$$

式中，Γ 为伽马函数。对于偶数 n，$\Gamma\left(\frac{n}{2}+1\right) = \left(\frac{n}{2}\right)!$；对于奇数 n，$\Gamma\left(\frac{n}{2}+1\right) = \sqrt{\pi}\frac{n!!}{2^{(n+1)/2}}$，其中，$n!!$ 表示双阶乘。因此，对于给定的常数 n，常数 C_n 的值为

$$C_n = \begin{cases} \dfrac{\pi^k}{k!} & n = 2k \\ \dfrac{2^{2k+1}k!\ \pi^k}{(2k+1)!} & n = 2k+1 \end{cases} \tag{3.2.23}$$

对应于 n 维球体的（$n-1$）维球面的表面积为

$$S_{n-1} = \frac{\mathrm{d}V_n}{\mathrm{d}R} = \frac{nV_n}{R} = \frac{2\pi^{\frac{n}{2}} R^{n-1}}{\Gamma\left(\frac{n}{2}\right)} = nC_n R^{n-1} \tag{3.2.24}$$

在 n 维球体半径 r_1 和 r_2 处取两个超环形微元，径向厚度分别为 $\mathrm{d}r_1$ 和 $\mathrm{d}r_2$，则此两个微元的体积分别为

$$\begin{cases} \mathrm{d}V_1 = nC_n r_1^{n-1}\mathrm{d}r_1 \\ \mathrm{d}V_2 = nC_n r_2^{n-1}\mathrm{d}r_2 \end{cases} \tag{3.2.25}$$

要保证在正交坐标系内获取均匀分布的样本，则样本数目与体积必成正比，换言之，r 在微距 $\mathrm{d}r_1$ 和 $\mathrm{d}r_2$ 上的概率累积与超环形的体积应成正比，记 r 的概率密度函数为 $f(r)$，则有

$$\frac{\mathrm{d}V_1}{\mathrm{d}V_2} = \frac{nC_n r_1^{n-1}\mathrm{d}r_1}{nC_n r_2^{n-1}\mathrm{d}r_2} = \frac{f(r_1)\,\mathrm{d}r_1}{f(r_2)\,\mathrm{d}r_2} \tag{3.2.26}$$

由上式可得，$f(r)=kr^{n-1}$，根据概率密度函数的性质，当在单位超球内抽取随机样本时，有

$$\int_0^1 kr^{n-1}\mathrm{d}r = 1 \tag{3.2.27}$$

可得 $k=n$，因此 r 的概率密度函数为

$$f(r)=\begin{cases} nr^{n-1} & r\in[0,1] \\ 0 & r\notin[0,1] \end{cases} \tag{3.2.28}$$

得到了 r 的概率密度函数之后，如何生成 r 的伪随机数也是值得讨论的问题。在常用软件平台（如 MATLAB）中，只有一些典型概率分布的伪随机数生成器，对于 $f(r)$ 这样的非典型概率分布甚至任意型式的概率分布，需要另行制定算法和编制程序。

本节采用 Metropolis 抽样[131]实现所需概率分布的伪随机数。Metropolis 抽样是马尔可夫蒙特卡罗（Markov Chain Monte Carlo，MCMC）算法中的一种，可从任意复杂的分布中抽样。Metropolis 抽样原理在于，在随机变量的状态空间内模拟一条 Markov 链，使得该链的平稳分布为目标分布。设任意抽样分布为 $f(r)$，则 Metropolis 抽样算法如下：

（1）在 $t=0$ 时，选取初始值 r_0，要求 r_0 满足 $f(r_0)\geqslant 0$ 即可；

（2）在 $t+1$ 次迭代时，通过建议分布 $q(r|r_t)$ 抽取候选值 r^c，Metropolis 抽样要求建议分布为对称型式，如正态分布或区间均匀分布；

（3）计算 $r=\min(f(r^c)/f(r_t),1)$；

（4）以 r 的概率使 $r_{t+1}=r^c$，以 $(1-r)$ 的概率使 $r_{t+1}=r_t$。

通过上述抽样即可得到平稳分布为 $f(r)$ 的 Markov 链，即 $f(r)$ 的随机数。

根据超球体维数的不同，对半径 r 应采用不同的概率密度函数，如式(3.2.28)，其余的球坐标分量应按均匀分布抽样，并将球坐标系下的样本点转换到正交坐标系，即可得到均匀分布的 Monte Carlo 样本。

由修正后的算法，在二维单位圆内抽取 1 000 个样本，所得到的分布形态如图 3.7 所示。

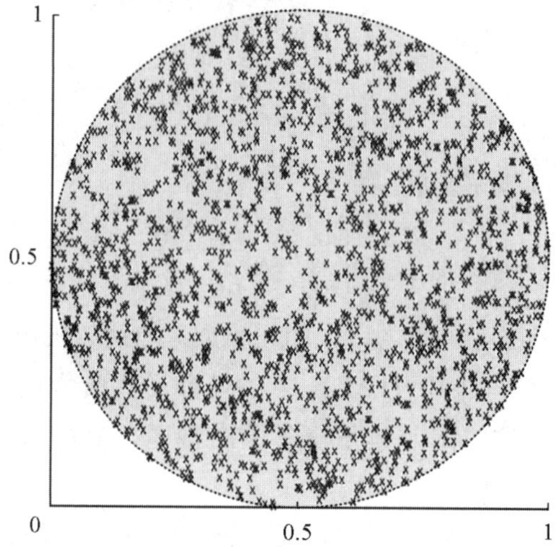

图 3.7 由修正算法得到的样本分布形态

对于区间变量的均匀抽样，可先由 MATLAB 生成标准化区间变量向量 $\boldsymbol{\delta}_\Delta \in [0,\ 1]^p$ 的随机数，根据 $\boldsymbol{\delta}_\Delta$ 与式（3.2.1）中的 $\boldsymbol{\delta}_1$ 的关系 $\boldsymbol{\delta}_1 = 2\boldsymbol{\delta}_\Delta - 1$，实现单位区间变量向量 $\boldsymbol{\delta}_1$ 样本的抽取。

当凸集合与失效域存在干涉时，上述 Monte Carlo 算法可以对高维复杂非线性极限状态函数的非概率可靠性指标进行求解，即

$$R_{\text{set}}(\lambda) = \lim_{q\to\infty}\frac{q_s}{q_{\text{all}}} \tag{3.2.29}$$

式中，q_{all} 为模拟计算的总次数，q_s 为 $G'(\boldsymbol{\delta}) > 0$ 的总次数。

3.2.4 非概率可靠性指标的数值积分和算法步骤

3.2.4.1 非概率可靠性指标的数值积分

对于模糊凸集非概率可靠性综合指标的计算，需要求解非概率可靠性指标关于截集水平的积分。然而，根据非概率可靠性分析的实际特点，几乎不可能获得这一指标关于截集水平的解析函数，从而难以得到该积分的解析解，这就要求必须寻求精确有效的数值方法解决该问题。由数值积分的知识可知，在 n 个

节点的求积公式中，具有最高代数精度的求积公式是 Gauss 型求积公式[132]。

将 $\lambda = (1+t)/2$ 代入式（3.1.19），则该求积公式变为

$$R' = \int_0^1 \kappa(\lambda)\,\mathrm{d}\lambda = \frac{1}{2}\int_{-1}^1 \kappa\left(\frac{1+t}{2}\right)\mathrm{d}t \tag{3.2.30}$$

上式可视为权函数 $\rho(t) \equiv 1$ 和积分区间为 $[-1, 1]$ 的积分，其对应的正交多项式为 Legendre 多项式，因此可以采用 Gauss-Legendre 求积公式进行求解。Legendre 正交多项式为

$$L_n(t) = \frac{1}{2^n n!}\cdot\frac{\mathrm{d}^n}{\mathrm{d}t^n}\left[(t^2-1)^n\right] \tag{3.2.31}$$

取 $L_n(t)$ 的零点作求积节点所形成的求积公式

$$\int_{-1}^1 f(t)\,\mathrm{d}t \approx \sum_{i=1}^n A_i f(t_i) \tag{3.2.32}$$

称为 Gauss-Legendre 求积公式，其中

$$A_i = \int_{-1}^1 \frac{L_n(t)}{(t-t_i)L'_n(t_i)}\mathrm{d}t, \quad i = 1,2,\cdots,n \tag{3.2.33}$$

因此，式（3.2.30）积分可由下式近似求解

$$R' = \frac{1}{2}\int_{-1}^1 \kappa\left(\frac{1+t}{2}\right)\mathrm{d}t \approx \frac{1}{2}\sum_{i=1}^n A_i\kappa\left(\frac{1+t_i}{2}\right) \tag{3.2.34}$$

Gauss-Legendre 求积公式的节点 t_i 及求积系数可参考数值分析方面的专著。

3.2.4.2　模糊凸集非概率可靠性综合指标求解的总体步骤

（1）建立描述结构参数不确定性的模糊凸集模型，确定凸集模型模糊扩展参数的可能性分布函数；

（2）根据 Gauss-Legendre 求积公式的 n 个求积节点 t_i，得到 n 个截集水平 λ_i；

（3）将 n 个截集水平下的复合凸集模型转化为单位凸集模型，即区间变量转化为标准化区间变量，超椭球模型转化为单位超球模型，结构的极限状态函数转化为标准化极限状态函数；

（4）采用 3.2.2 节的优化算法求解结构的稳健可靠性指标 $\eta(\lambda)$，如果 $\eta(\lambda) > 1$，则 $\kappa(\lambda) = \eta(\lambda)$；如果 $\eta(\lambda) < -1$，则 $\kappa(\lambda) = \eta(\lambda) + 1$；如果 $|\eta(\lambda)| \leqslant 1$，则转入步骤（5）；

（5）采用 3.2.3 节的 Monte Carlo 算法计算凸集合与失效域发生干涉时的

非概率可靠性指标 R_{set}（λ），并令 κ（λ）$=R_{set}$（λ）；

（6）计算式（3.2.34），得到结构总体非概率可靠性综合指标，即模糊凸集非概率可靠性综合指标。

3.3 算例分析

3.3.1 算例1：数值算例

引用郭书祥等[50]中的算例2，结构功能函数为

$$\begin{aligned}M = {} & X_5 - 0.001\,15X_1X_2 + 0.001\,57X_2^2 + 0.001\,17X_1^2 + 0.013\,5X_2X_3 - \\ & 0.070\,5X_2 - 0.005\,34X_1 - 0.014\,9X_1X_3 - 0.061\,1X_2X_4 + \\ & 0.071\,7X_1X_4 - 0.226X_3 + 0.033\,3X_3^2 - 0.558X_3X_4 + \\ & 0.998X_4 - 1.339X_4^2\end{aligned} \tag{3.3.1}$$

设 $X_1 \sim X_5$ 均为模糊区间变量，即各变量不能确定确切的变化范围，而用如下的模糊区间模型来表示

$$\tilde{U}_{X_1}(\tilde{\theta}_1, \phi_1, \bar{x}_1) = \{x \mid |x-10| \leqslant 1.5\tilde{\theta}_1\} \tag{3.3.2}$$

$$\tilde{U}_{X_2}(\tilde{\theta}_2, \phi_2, \bar{x}_2) = \{x \mid |x-25| \leqslant 3\tilde{\theta}_2\} \tag{3.3.3}$$

$$\tilde{U}_{X_3}(\tilde{\theta}_3, \phi_3, \bar{x}_3) = \{x \mid |x-0.8| \leqslant 0.12\tilde{\theta}_3\} \tag{3.3.4}$$

$$\tilde{U}_{X_4}(\tilde{\theta}_4, \phi_4, \bar{x}_4) = \{x \mid |x-0.062\,5| \leqslant 0.025\tilde{\theta}_4\} \tag{3.3.5}$$

$$\tilde{U}_{X_5}(\tilde{\theta}_5, \phi_5, \bar{x}_5) = \{x \mid |x-1.2| \leqslant 0.1\tilde{\theta}_5\} \tag{3.3.6}$$

$\tilde{\theta}_1 \sim \tilde{\theta}_5$ 均为半梯形偏小型分布，在区间［1，1.5］内，其可能性分布函数值均由1线性降低到0。

在本例中，采用7个节点的Gauss-Legendre求积公式，由求积节点[132]和关系式 $\lambda=(1+t)/2$，可得到7个对应的截集水平：$\lambda_1=0.974\,553\,956\,15$；$\lambda_2=0.025\,446\,043\,85$；$\lambda_3=0.870\,765\,592\,8$；$\lambda_4=0.129\,234\,407\,2$；$\lambda_5=0.702\,922$

575 7；λ_6 =0.297 077 424 3；λ_7 =0.5。

相应的求积系数 A_i 为：$A_1 = A_2$ =0.129 484 966 2；$A_3 = A_4$ =0.279 705 391 5；$A_5 = A_6$ =0.381 830 050 5；A_7 =0.417 959 183 7。

各个截集水平下的稳健可靠性指标为：$\eta(\lambda_1)$ =1.164 1；$\eta(\lambda_2)$ = 0.792 64；$\eta(\lambda_3)$ =1.107 3；$\eta(\lambda_4)$ =0.821 3；$\eta(\lambda_5)$ =1.026 4；$\eta(\lambda_6)$ = 0.872 3；$\eta(\lambda_7)$ =0.943 1。

$\eta(\lambda_1)$ 和 $\eta(\lambda_2)$ 的优化过程如图 3.8 所示。图中 *ps* 为种群数目，*w* 为惯性因子，*gbest* 为全局最优值。

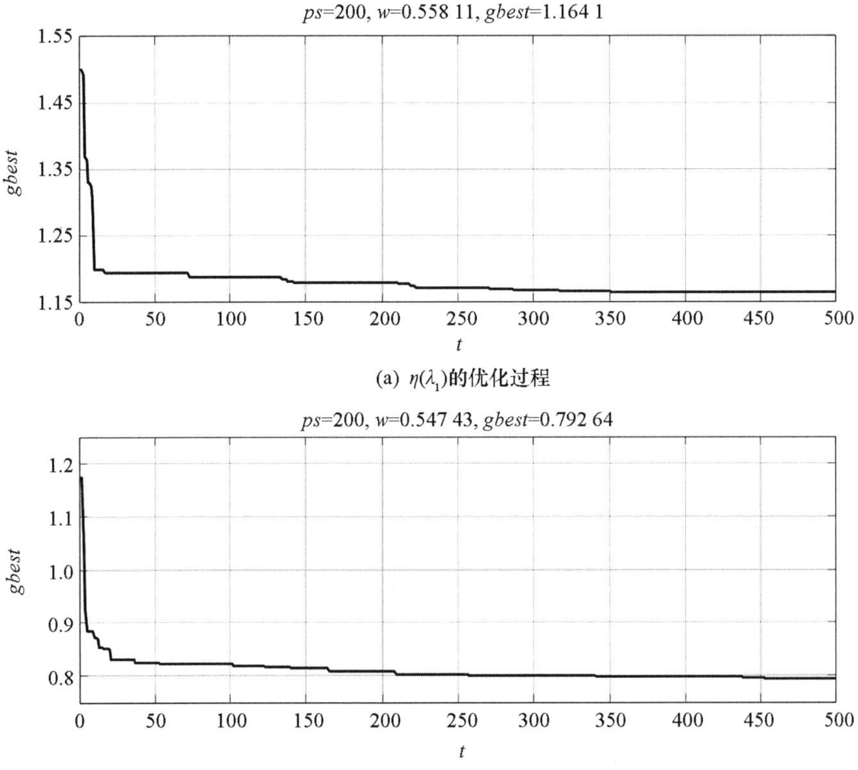

(a) $\eta(\lambda_1)$的优化过程

(b) $\eta(\lambda_2)$的优化过程

图 3.8　$\eta(\lambda_1)$ 和 $\eta(\lambda_2)$ 的优化过程

各个截集水平下的综合可靠性指标为：$\kappa(\lambda_1)$ =1.164 1；$\kappa(\lambda_2)$ = 0.994 066；$\kappa(\lambda_3)$ =1.107 3；$\kappa(\lambda_4)$ =0.996 836；$\kappa(\lambda_5)$ =1.026 4；

$\kappa(\lambda_6)=0.9993008$；$\kappa(\lambda_7)=0.9999806$。

稳健可靠性指标 η 和综合可靠性指标 κ 随截集水平 λ 的变化如图 3.9 所示。

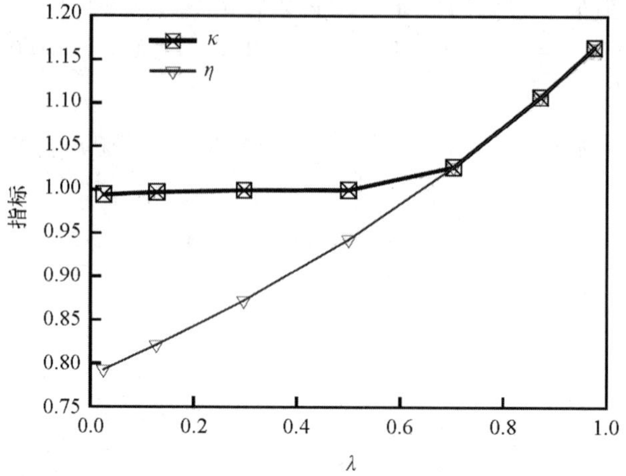

图 3.9　η 和 κ 随截集水平 λ 的变化

根据 Gauss-Legendre 求积公式（3.2.34），结构总体非概率可靠性综合指标为

$$R' \approx \frac{1}{2}\sum_{i=1}^{n} A_i\kappa(\lambda_i) = 1.0297 \tag{3.3.7}$$

按照稳健可靠性指标计算得到的总体非概率可靠性综合指标为 0.955 98。

当截集水平较高且失效域与区间集合不相交时，非概率集合可靠性指标恒为 1，按照该指标计算得到的总体非概率可靠性综合指标为 0.999 036。

度量指标的差别是由指标本身的物理意义所决定的。本书提出的非概率综合可靠性指标不仅吸取了稳健可靠性指标和集合干涉可靠性指标各自的优势，而且考虑了结构参数的模糊不确定性因素或凸集模型的模糊性质，能够以非概率的度量手段，更加全面和客观地反映实际结构的可靠性程度，算例同时表明关于该指标的求解算法是可行的。

3.3.2　算例 2：环肋加强圆柱形壳体算例

引用李昆锋[39]中的算例，对环肋加强圆柱形壳体的失稳可靠性进行分析。

环肋间壳板失稳是环肋加强圆柱形壳体的主要失效模式之一，其特征是沿壳板周向形成失稳波纹或波形。除此以外，环肋间壳板屈服和舱段总体失稳也是静载荷下该结构的主要失效模式。鉴于可靠性分析方法的一致性，本例仅选取环肋间壳板失稳进行分析。

相邻肋骨间的板壳失稳临界压力[133] p_{cr} 为

$$p_{\mathrm{cr}} = C_{\mathrm{g}} C_{\mathrm{s}} p_{\mathrm{E}} \tag{3.3.8}$$

式中，p_{E} 为失稳欧拉压力，C_{g} 为考虑计算本身和壳体不圆度初始几何缺陷的模型修正系数，C_{s} 为考虑计算本身和塑性及残余应力影响的模型修正系数，C_{g} 和 C_{s} 通常由试验和计算确定。

当材料泊松系数为 0.3 时，失稳欧拉压力 p_{E} 的计算公式[133]为

$$p_{\mathrm{E}} = E\left(\frac{h}{r}\right)^2 \frac{0.6}{u - 0.37} \tag{3.3.9}$$

式中：E 为材料弹性模量；h 为耐压壳体的厚度；r 为圆柱形耐压壳体半径；u 为无量纲参数。

$$u = 0.642l/\sqrt{rh} \tag{3.3.10}$$

式中，l 为肋骨间距。

耐压壳体结构失稳的极限状态函数为

$$G_{\mathrm{sh}}(p,\ p_{\mathrm{cr}}) = p_{\mathrm{cr}} - p = 0 \tag{3.3.11}$$

综合上述公式，式（3.3.11）可进一步写为

$$G_{\mathrm{sh}}(p,\ r,\ h,\ E,\ l,\ C_{\mathrm{s}},\ C_{\mathrm{g}}) = C_{\mathrm{g}} C_{\mathrm{s}} E\left(\frac{h}{r}\right)^2 \frac{0.6\sqrt{rh}}{0.642l - 0.37\sqrt{rh}} - p = 0 \tag{3.3.12}$$

采用模糊椭球凸集模型描述向量 $\boldsymbol{X} = (p,\ r,\ h,\ E,\ l,\ C_{\mathrm{s}},\ C_{\mathrm{g}})^{\mathrm{T}}$ 的不确定性

$$U_E(\tilde{\theta},1,\bar{\boldsymbol{X}}) = \{\boldsymbol{X}|(\boldsymbol{X}-\bar{\boldsymbol{X}})^{\mathrm{T}}\boldsymbol{W}_X(\boldsymbol{X}-\bar{\boldsymbol{X}}) \leqslant \tilde{\theta}^2\} \quad (3.3.13)$$

式中：$\bar{\boldsymbol{X}} = (\bar{p}, \bar{r}, \bar{h}, \bar{E}, \bar{l}, \bar{C}_s, \bar{C}_g)^{\mathrm{T}} = (2.94, 3\ 000, 22, 2\times10^5, 500, 0.9, 0.9)^{\mathrm{T}}$；模型特征矩阵为对角矩阵 $\boldsymbol{W}_X = \mathrm{diag}\ [1/0.15^2, 1/180^2, 1/1.1^2, 1/(0.17\times10^5)^2, 1/48^2, 1/0.17^2, 1/0.15^2]$；$\tilde{\theta}$ 为半梯形偏小型分布，在区间［1，2］内，其可能性分布函数值由1线性降低到0。

在本例中，仍采用7个节点的Gauss-Legendre求积公式，7个相应的截集水平和求积系数同算例1。

各个截集水平下的稳健可靠性指标为：$\eta(\lambda_1)=1.897\ 4$；$\eta(\lambda_2)=0.985\ 36$；$\eta(\lambda_3)=1.723\ 0$；$\eta(\lambda_4)=1.040\ 0$；$\eta(\lambda_5)=1.500\ 0$；$\eta(\lambda_6)=1.142\ 5$；$\eta(\lambda_7)=1.297\ 1$。

由于 $\eta(\lambda_2)<1$，需要根据3.3.3节修正的Monte Carlo算法进行重新计算，得到的该截集水平下的非概率集合失效度为 0.66×10^{-7}。

根据Gauss-Legendre求积公式（3.2.34），结构总体非概率可靠性综合指标为

$$R' \approx \frac{1}{2}\sum_{i=1}^{n} A_i \kappa(\lambda_i) = 1.349\ 56 \quad (3.3.14)$$

如果以刚性凸集模型（模糊凸集的核）为基础进行可靠性分析，可靠性结果为1.952 1。可见，基于刚性凸集的可靠性分析结果比基于模糊凸集的可靠性结果偏大，这说明，在人们无法确切知道凸集的边界时，采用模糊凸集模型进行不确定性表征，所得到的可靠性分析结果是偏于安全的。

本例涉及高维（7维）超球体的Monte Carlo抽样，如果简单地采用在外接超立方体内进行抽样，然后进行舍选的办法，能够保留下来用于模拟的样本量取决于超立方体体积与超球体体积之比，本例中7维超球体与外切7维超立方体的体积比是1∶27.09，通过试验发现，该方法由于效率太低而不便应用。因此，对于高维小失效度问题，本书提出的修正的Monte Carlo算法为解决该问题提供了正确、可行且必要的途径。

在实际计算中，为了获得更精确的计算结果，还可以选用更多节点的Gauss-Legendre求积公式。

3.3.3　算例 3：十杆桁架结构算例

某十杆桁架结构如图 3.10 所示，该结构包括 15 个独立的模糊区间变量，如弹性模量 E、杆长度 L、横截面积 A_i（$i=1, 2, \cdots, 10$），以及外部载荷 P_1、P_2和 P_3。节点 2 垂直方向最大允许位移为 0.06 m。使用以下模糊区间模型描述变量的不确定性：

$$\tilde{U}_E(\tilde{\theta}_E, \phi_E, \bar{x}_E) = \{x \mid |x-100| \leqslant 10\tilde{\theta}_E\} \text{ GPa} \tag{3.3.15}$$

$$\tilde{U}_L(\tilde{\theta}_L, \phi_L, \bar{x}_L) = \{x \mid |x-1| \leqslant 0.02\tilde{\theta}_L\} \text{ m} \tag{3.3.16}$$

$$\tilde{U}_{P_1}(\tilde{\theta}_{P_1}, \phi_{P_1}, \bar{x}_{P_1}) = \{x \mid |x-800| \leqslant 100\tilde{\theta}_{P_1}\} \text{ kN} \tag{3.3.17}$$

$$\tilde{U}_{P_2}(\tilde{\theta}_{P_2}, \phi_{P_2}, \bar{x}_{P_2}) = \{x \mid |x-100| \leqslant 15\tilde{\theta}_{P_2}\} \text{ kN} \tag{3.3.18}$$

$$\tilde{U}_{P_3}(\tilde{\theta}_{P_3}, \phi_{P_3}, \bar{x}_{P_3}) = \{x \mid |x-100| \leqslant 15\tilde{\theta}_{P_3}\} \text{ kN} \tag{3.3.19}$$

$$\tilde{U}_{A_1\sim A_{10}}(\tilde{\theta}_{A_1\sim A_{10}}, \phi_{A_1\sim A_{10}}, \bar{x}_{A_1\sim A_{10}}) = \{x \mid |x-0.001| \leqslant 0.0001\tilde{\theta}_{A_1\sim A_{10}}\} \text{ m}^2 \tag{3.3.20}$$

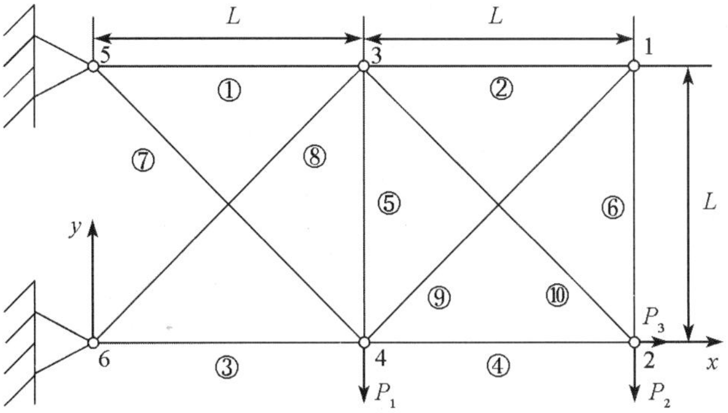

图 3.10　十杆桁架结构

节点 2 的垂直位移函数为

$$y_2(x) = \left(\sum_{i=1}^{6} \frac{N_i^0 N_i}{A_i} + \sqrt{2}\sum_{i=7}^{10} \frac{N_i^0 N_i}{A_i}\right)\frac{L}{E} \tag{3.3.21}$$

式中，N_i为每个构件的轴向力，N_i^0 代表 $P_1=P_3=0$、$P_2=1$ N 时的轴向力。N_i可由下列公式较容易地求得：

$$N_1=P_2-\frac{\sqrt{2}}{2}N_8 \tag{3.3.22}$$

$$N_2=-\frac{\sqrt{2}}{2}N_9 \tag{3.3.23}$$

$$N_3=-P_1-2P_2+P_3-\frac{\sqrt{2}}{2}N_8 \tag{3.3.24}$$

$$N_4=-P_2+P_3-\frac{\sqrt{2}}{2}N_9 \tag{3.3.25}$$

$$N_5=-P_2-\frac{\sqrt{2}}{2}N_8-\frac{\sqrt{2}}{2}N_9 \tag{3.3.26}$$

$$N_6=-\frac{\sqrt{2}}{2}N_9 \tag{3.3.27}$$

$$N_7=\sqrt{2}\ (P_1+P_2)\ +N_8 \tag{3.3.28}$$

$$N_8=\frac{a_{22}b_1-a_{12}b_2}{a_{11}a_{22}-a_{12}a_{21}} \tag{3.3.29}$$

$$N_9=\frac{a_{11}b_2-a_{21}b_1}{a_{11}a_{22}-a_{12}a_{21}} \tag{3.3.30}$$

$$N_{10}=\sqrt{2}P_2+N_9 \tag{3.3.31}$$

式中，

$$a_{11}=\left(\frac{1}{A_1}+\frac{1}{A_3}+\frac{1}{A_5}+\frac{2\sqrt{2}}{A_7}+\frac{2\sqrt{2}}{A_8}\right)\frac{L}{2E} \tag{3.3.32}$$

$$a_{22}=\left(\frac{1}{A_2}+\frac{1}{A_4}+\frac{1}{A_5}+\frac{1}{A_6}+\frac{2\sqrt{2}}{A_9}+\frac{2\sqrt{2}}{A_{10}}\right)\frac{L}{2E} \tag{3.3.33}$$

$$a_{12}=a_{21}=\frac{L}{2A_5E} \tag{3.3.34}$$

$$b_1=\left(\frac{P_2}{A_1}-\frac{2P_2+P_1-P_3}{A_3}-\frac{P_2}{A_5}-\frac{2\sqrt{2}\ (P_1+P_2)}{A_7}\right)\frac{\sqrt{2}L}{2E} \tag{3.3.35}$$

$$b_2=\left(\frac{\sqrt{2}\ (P_3-P_2)}{A_4}-\frac{\sqrt{2}P_2}{A_5}-\frac{4P_2}{A_{10}}\right)\frac{L}{2E} \tag{3.3.36}$$

此例中，仍然使用 7 个积分节点的 Gauss-Legendre 积分公式，相应的截集水平和积分系数与算例 1 相同。

稳健可靠性指标 η 和综合可靠性指标 κ 随截集水平 λ 的变化如图 3.11 所示。

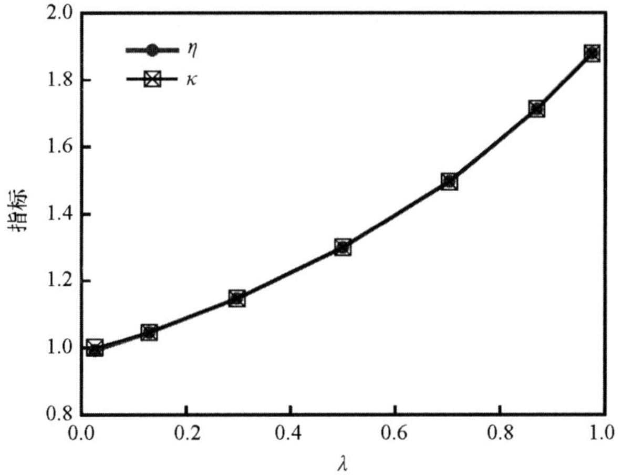

图 3.11　η 和 κ 随 λ 的变化

根据 Gauss-Legendre 积分公式，结构总体非概率可靠性综合指标为

$$R' \approx \frac{1}{2}\sum_{i=1}^{n} A_i \kappa(\lambda_i) = 1.3478 \tag{3.3.37}$$

如果基于模糊凸集的核进行可靠性分析，可靠性结果为 1.923 7，明显高于基于 FCS 模型的分析结果。正如算例 2 所讨论的，当参数的统计样本匮乏时，难以准确获知这些参数的确切边界，在这种情况下，基于 FCS 模型的可靠性分析能够更好地反映工程实际，并有效地降低基于传统刚性凸集的可靠性分析风险。

第 4 章　不确定性疲劳寿命的非概率分析方法研究

结构疲劳寿命是结构可靠性研究的重要内容，也是结构可靠性理论体系的重要组成。本章进一步对结构疲劳寿命的非概率分析方法进行研究。首先对以往的基于一阶 Taylor 近似的分析方法进行简要介绍，这些方法基于疲劳寿命的线性近似，仅适用于小不确定度问题及非线性程度较低的问题。为了进一步提高方法的适用性，本书提出了基于二阶 Taylor 近似的分析方法，建立了基于区间模型、超椭球模型和复合凸集模型的计算模型，并对若干相关问题，如隐式寿命函数的求导问题、超椭球模型的构建方法、凸集模型的 Monte Carlo 仿真等进行了讨论。此外，针对疲劳寿命分析的特点，进一步提出了基于模糊凸集的疲劳寿命分析方法，对相关的若干问题，如模糊约束集合的界定、寿命极值的求解等进行了研究，并给出了算例分析。

4.1　结构疲劳寿命分析的一阶 Taylor 近似方法

4.1.1　基于区间模型的结构疲劳寿命分析

假定由结构性能参数、环境载荷等组成的不确定性参数向量为 $\boldsymbol{X}$，则结构的疲劳寿命可表示为

$$N = N(\boldsymbol{X}) \tag{4.1.1}$$

设结构参数向量 $\boldsymbol{X}$ 的不确定性可用区间集合定量描述，即

$$\boldsymbol{X} \in \boldsymbol{X}^{\mathrm{I}} = [\boldsymbol{X}^{\mathrm{L}}, \boldsymbol{X}^{\mathrm{U}}] \tag{4.1.2}$$

式中，$\boldsymbol{X}^{\mathrm{L}}$ 和 $\boldsymbol{X}^{\mathrm{U}}$ 分别为区间变量向量 X 的下界和上界。

记 $\boldsymbol{X}^{\mathrm{c}}$ 和 $\Delta\boldsymbol{X}$ 分别为 $\boldsymbol{X}$ 的均值向量和离差向量，则 $\boldsymbol{X}^{\mathrm{I}}$ 可以表示为

$$\boldsymbol{X}^{\mathrm{I}} = \boldsymbol{X}^{\mathrm{c}} + \Delta\boldsymbol{X} e_{\Delta} \tag{4.1.3}$$

式中，e_{Δ} 为标准化区间变量，$e_{\Delta} = [-1, 1]$。

将疲劳寿命表达式（4.1.1）在区间变量中心值附近进行一阶 Taylor 展开，得

$$N(\boldsymbol{X}) = N(\boldsymbol{X}^{\mathrm{c}}) + \sum_{i=1}^{n} \frac{\partial N}{\partial X_i}\bigg|_{\boldsymbol{X}^{\mathrm{c}}} \delta X_i \tag{4.1.4}$$

式中，$\delta X_i \in \Delta X_i^{\mathrm{I}} = [-\Delta X_i, \Delta X_i]$。

将式（4.1.4）进行自然区间扩张[76]，得

$$N^{\mathrm{I}}(\boldsymbol{X}) = N(\boldsymbol{X}^{\mathrm{c}}) + \sum_{i=1}^{n} \frac{\partial N}{\partial X_i}\bigg|_{\boldsymbol{X}^{\mathrm{c}}} \Delta X_i^{\mathrm{I}} \tag{4.1.5}$$

由式（4.1.5）可得结构疲劳寿命的上界和下界为

$$N^{\mathrm{U}} = N(\boldsymbol{X}^{\mathrm{c}}) + \sum_{i=1}^{n} \left| \frac{\partial N}{\partial X_i}\bigg|_{\boldsymbol{X}^{\mathrm{c}}} \right| \Delta X_i \tag{4.1.6}$$

$$N^{\mathrm{L}} = N(\boldsymbol{X}^{\mathrm{c}}) - \sum_{i=1}^{n} \left| \frac{\partial N}{\partial X_i}\bigg|_{\boldsymbol{X}^{\mathrm{c}}} \right| \Delta X_i \tag{4.1.7}$$

4.1.2　基于超椭球模型的结构疲劳寿命分析

4.1.2.1　区间模型向超椭球模型的变换

假设由数据信息得到的结构参数变化区间为

$$X_i^{\mathrm{L}} \leqslant X_i \leqslant X_i^{\mathrm{U}},\ i = 1, 2, \cdots, n \tag{4.1.8}$$

式中，X_i^{L} 和 X_i^{U} 分别为变量 X_i 的下界和上界。

以 X_i^{c} 和 ΔX_i 分别表示 X_i 的均值和离差，即

$$\begin{cases} X_i^{\mathrm{c}} = \dfrac{1}{2}(X_i^{\mathrm{U}} + X_i^{\mathrm{L}}) \\ \Delta X_i = \dfrac{1}{2}(X_i^{\mathrm{U}} - X_i^{\mathrm{L}}) \end{cases} \tag{4.1.9}$$

则式（4.1.8）可以表示成

$$X_i = X_i^c + \delta X_i,\ |\delta X_i| \leqslant \Delta X_i,\ i=1,\ 2,\ \cdots,\ n \tag{4.1.10}$$

上式表示的即为 n 维超长方体或盒式凸集。下面以 δX_i 为变量建立该超长方体的外接椭球模型，设

$$\sum_{i=1}^{n} \frac{\delta X_i^2}{e_i^2} \leqslant 1 \tag{4.1.11}$$

超椭球模型的中心即为超长方体的中心，e_i为超椭球的半轴长度。从不过于保守与合理的角度考虑，此椭球应满足两个条件[77]：

（1）包含式（4.1.10）所定义的盒式凸集；

（2）具有最小的体积。

式（4.1.11）所表示的椭球的体积为

$$V = M\prod_{i=1}^{n} e_i \tag{4.1.12}$$

式中，M 为待定常数。

由于要建立的超椭球为超长方体的外接椭球，因此超长方体的顶点应在椭球边界上，即有

$$\sum_{i=1}^{n} \frac{\Delta X_i^2}{e_i^2} = 1 \tag{4.1.13}$$

这样，确定有界不确定参数的超椭球凸集问题，转化为在式（4.1.13）的约束下，确定式（4.1.12）的最小值。由拉格朗日乘子法或优化方法可得[77]

$$e_i = \sqrt{n}\Delta X_i,\ i=1,\ 2,\ \cdots,\ n \tag{4.1.14}$$

由此可知，在同样的偏差 ΔX_i 下，变量维数越高，超椭球半轴长 e_i越大，也就是 δX_i的变化范围越大。当 $n=1$ 时，式（4.1.11）的超椭球模型退化为式（4.1.10）的区间模型。

式（4.1.11）所示的超椭球模型可以包含一些试验数据未能测到的范围，而区间超长方体模型是试验结果的直接反映，因此，超椭球模型比区间模型偏于保守或安全。如果在实际问题中，所获得的试验数据能够确切反映参数的波动范围，则采用区间模型更合理。

4.1.2.2　疲劳寿命分析

将式（4.1.1）在向量 $\boldsymbol{X}$ 的中心值附近进行一阶 Taylor 展开，得

$$N(\boldsymbol{X}) = N(\boldsymbol{X}^{c}) + \sum_{i=1}^{n} \frac{\partial N}{\partial X_i}\bigg|_{\boldsymbol{X}^{c}} \delta X_i \tag{4.1.15}$$

令

$$\boldsymbol{\phi} = \left(\frac{\partial N}{\partial X_1}\bigg|_{\boldsymbol{X}^{c}},\ \frac{\partial N}{\partial X_2}\bigg|_{\boldsymbol{X}^{c}},\ \cdots,\ \frac{\partial N}{\partial X_n}\bigg|_{\boldsymbol{X}^{c}} \right)^{\mathrm{T}} \tag{4.1.16}$$

$$\delta\boldsymbol{X} = (\delta X_1,\ \delta X_2,\ \cdots,\ \delta X_n)^{\mathrm{T}} \tag{4.1.17}$$

则式（4.1.15）可简写为

$$N(\boldsymbol{X}) = N(\boldsymbol{X}^{c}) + \boldsymbol{\phi}^{\mathrm{T}}\delta\boldsymbol{X} \tag{4.1.18}$$

由于超椭球模型属于凸集模型，当 $\delta\boldsymbol{X}$ 在式（4.1.11）所示超椭球内变化时，疲劳寿命的上、下限将在超椭球的边界上达到，应用拉格朗日乘子法可求得疲劳寿命上、下限

$$N^{\mathrm{U}} = N(\boldsymbol{X}^{c}) + \sqrt{n}\sqrt{\sum_{i=1}^{n} \left(\frac{\partial N}{\partial X_i}\bigg|_{\boldsymbol{X}^{c}} \Delta X_i \right)^2} \tag{4.1.19}$$

$$N^{\mathrm{L}} = N(\boldsymbol{X}^{c}) - \sqrt{n}\sqrt{\sum_{i=1}^{n} \left(\frac{\partial N}{\partial X_i}\bigg|_{\boldsymbol{X}^{c}} \Delta X_i \right)^2} \tag{4.1.20}$$

通过比较可知，由超椭球模型得到的疲劳寿命区间包含了由区间模型得到的寿命变化区间，这与定性分析结论是一致的。

4.1.3　疲劳寿命分析的概率和非概率混合模型

当随机变量和区间变量共存时，结构疲劳寿命可表达为

$$N = N(\boldsymbol{X},\ \boldsymbol{Y}) \tag{4.1.21}$$

式中，$\boldsymbol{X}$ 为区间变量向量，$\boldsymbol{Y}$ 为随机变量向量。

假定随机变量向量 $\boldsymbol{Y}$ 取其实现值，将式（4.1.21）在区间变量向量 $\boldsymbol{X}$ 的中心值处进行一阶 Taylor 展开，可得

$$N(\boldsymbol{X},\boldsymbol{Y}) = N(\boldsymbol{X}^{c},\boldsymbol{Y}) + \sum_{i=1}^{n} \frac{\partial N(\boldsymbol{X},\boldsymbol{Y})}{\partial X_i}\bigg|_{\boldsymbol{X}^{c}} (X_i - X_i^{c}) \tag{4.1.22}$$

将式（4.1.22）进行自然区间扩张，可得

$$N^{\mathrm{I}}(\boldsymbol{X},\boldsymbol{Y}) = N(\boldsymbol{X}^{\mathrm{c}},\boldsymbol{Y}) + \sum_{i=1}^{n} \left.\frac{\partial N(\boldsymbol{X},\boldsymbol{Y})}{\partial X_i}\right|_{\boldsymbol{X}^{\mathrm{c}}} \Delta X_i^{\mathrm{I}} \tag{4.1.23}$$

式中，N^{I}（$\boldsymbol{X}$，$\boldsymbol{Y}$）为疲劳寿命的取值区间，$\Delta X_i^{\mathrm{I}} = [-\Delta X_i,\ \Delta X_i]$。

由式（4.1.23）可以得到以随机变量向量为自变量的疲劳寿命上、下限表达式，即

$$\left.\begin{aligned} N^{\mathrm{U}} &= N(\boldsymbol{X}^{\mathrm{c}},\boldsymbol{Y}) + \sum_{i=1}^{n} \left|\left.\frac{\partial N(\boldsymbol{X},\boldsymbol{Y})}{\partial X_i}\right|_{\boldsymbol{X}^{\mathrm{c}}}\right| \Delta X_i = N(\boldsymbol{X}^{\mathrm{c}},\boldsymbol{Y}) + |\overline{f(\boldsymbol{Y})}|^{\mathrm{T}} \Delta \boldsymbol{X} \\ N^{\mathrm{L}} &= N(\boldsymbol{X}^{\mathrm{c}},\boldsymbol{Y}) - \sum_{i=1}^{n} \left|\left.\frac{\partial N(\boldsymbol{X},\boldsymbol{Y})}{\partial X_i}\right|_{\boldsymbol{X}^{\mathrm{c}}}\right| \Delta X_i = N(\boldsymbol{X}^{\mathrm{c}},\boldsymbol{Y}) - |\overline{f(\boldsymbol{Y})}|^{\mathrm{T}} \Delta \boldsymbol{X} \end{aligned}\right\} \tag{4.1.24}$$

式中，

$$|\overline{f(\boldsymbol{Y})}| = \left(\left|\left.\frac{\partial N(\boldsymbol{X},\boldsymbol{Y})}{\partial X_1}\right|_{\boldsymbol{X}^{\mathrm{c}}}\right|,\ \left|\left.\frac{\partial N(\boldsymbol{X},\boldsymbol{Y})}{\partial X_2}\right|_{\boldsymbol{X}^{\mathrm{c}}}\right|,\ \cdots,\ \left|\left.\frac{\partial N(\boldsymbol{X},\boldsymbol{Y})}{\partial X_n}\right|_{\boldsymbol{X}^{\mathrm{c}}}\right| \right)^{\mathrm{T}}$$

$$\Delta \boldsymbol{X} = (\Delta X_1,\ \Delta X_2,\ \cdots,\ \Delta X_n)^{\mathrm{T}}$$

因而，疲劳寿命上、下限为随机变量向量 $\boldsymbol{Y}$ 的函数，即

$$\begin{cases} N^{\mathrm{U}} = H_1(\boldsymbol{Y}) \\ N^{\mathrm{L}} = H_2(\boldsymbol{Y}) \end{cases} \tag{4.1.25}$$

有了 N^{U} 和 N^{L} 的表达式，可以通过疲劳寿命分析的概率方法得到一定置信度下的疲劳寿命上、下限值。

可将给定置信度下的疲劳寿命下限作为疲劳寿命的偏保守估计，用来指导工程实践，比如将其作为结构失效检测的最小周期或为维修决策提供科学依据。

4.2　结构疲劳寿命分析的二阶 Taylor 近似方法

4.2.1　三种凸集模型下的疲劳寿命分析

4.2.1.1　基于区间模型的疲劳寿命分析

对具有误差或不确定性的结构参数，假设只知道它们的不确定性范围，且可表示成如下的区间形式

$$\boldsymbol{X} \in \boldsymbol{X}^{\mathrm{I}} = [\boldsymbol{X}^{\mathrm{L}}, \boldsymbol{X}^{\mathrm{U}}] = \{\boldsymbol{X}: \boldsymbol{X}^{\mathrm{L}} \leqslant \boldsymbol{X} \leqslant \boldsymbol{X}^{\mathrm{U}}, \boldsymbol{X}, \boldsymbol{X}^{\mathrm{L}}, \boldsymbol{X}^{\mathrm{U}} \in \mathbf{R}^{n}\} \tag{4.2.1}$$

式中，$\boldsymbol{X}^{\mathrm{L}}$ 为区间向量的下限，$\boldsymbol{X}^{\mathrm{U}}$ 为区间向量的上限。记 $\boldsymbol{X}^{\mathrm{c}}$ 为区间向量的均值向量，$\Delta\boldsymbol{X}$ 为区间向量的离差向量，即

$$\begin{cases} \boldsymbol{X}^{\mathrm{c}} = (\boldsymbol{X}^{\mathrm{U}} + \boldsymbol{X}^{\mathrm{L}})/2 \\ \Delta\boldsymbol{X} = (\boldsymbol{X}^{\mathrm{U}} - \boldsymbol{X}^{\mathrm{L}})/2 \end{cases} \tag{4.2.2}$$

这样，区间向量可以表示成

$$\boldsymbol{X} \in \boldsymbol{X}^{\mathrm{I}} = \boldsymbol{X}^{\mathrm{c}} + \Delta\boldsymbol{X} e_{\Delta} \tag{4.2.3}$$

式中，$e_{\Delta} = [-1, 1]$。记 $\boldsymbol{X} = (x_1, x_2, \cdots, x_n)^{\mathrm{T}}$，则上式的分量形式为

$$x_i \in x_i^{\mathrm{I}} = x_i^{\mathrm{c}} + \Delta x_i \cdot e_{\Delta}, \ i = 1, 2, \cdots, n \tag{4.2.4}$$

或

$$x_i = x_i^{c} + \Delta x_i \cdot \delta, \ i = 1, 2, \cdots, n \tag{4.2.5}$$

式中，$\delta_i \in e_{\Delta} = [-1, 1]$，$x_i^{\mathrm{c}}$ 为 x_i 的中心值，Δx_i 为 x_i 的离差。假设影响疲劳寿命的不确定性参数为 $\boldsymbol{X} = (x_1, x_2, \cdots, x_n)$，则疲劳寿命可表示为

$$N = N(\boldsymbol{X}) = N(x_1, x_2, \cdots, x_n) \tag{4.2.6}$$

将式（4.2.5）代入式（4.2.6），可得标准化区间变量的疲劳寿命函数，即

$$N = N(\boldsymbol{X}) = N(x_1^{\mathrm{c}} + \Delta x_1 \delta_1, x_2^{\mathrm{c}} + \Delta x_2 \delta_2, \cdots, x_n^{\mathrm{c}} + \Delta x_n \delta_n) = N^{0}(\delta) \tag{4.2.7}$$

式中，$\boldsymbol{\delta}=(\delta_1,\delta_2,\cdots,\delta_n)^{\mathrm{T}}$。将 $N=N^0(\boldsymbol{\delta})$ 在 $\boldsymbol{\delta}_0=(0,0,\cdots,0)^{\mathrm{T}}$ 附近进行 Taylor 展开并保留到二次项，得

$$
\begin{aligned}
N &= N^0(\boldsymbol{\delta}) = N^0(\boldsymbol{\delta}_0+\boldsymbol{\delta}) \\
&\approx N^0(\boldsymbol{\delta}_0) + \sum_{i=1}^{n}\frac{\partial N^0(\boldsymbol{\delta}_0)}{\partial \delta_i}\delta_i + \frac{1}{2}\sum_{i,j=1}^{n}\frac{\partial^2 N^0(\boldsymbol{\delta}_0)}{\partial \delta_i \partial \delta_j}\delta_i\delta_j \\
&= N^0(\boldsymbol{\delta}_0) + \boldsymbol{g}^{\mathrm{T}}\boldsymbol{\delta} + \frac{1}{2}\boldsymbol{\delta}^{\mathrm{T}}\boldsymbol{\Psi}\boldsymbol{\delta}
\end{aligned}
\tag{4.2.8}
$$

式中，

$$
\boldsymbol{g}=\left(\frac{\partial N^0(\boldsymbol{\delta}_0)}{\partial \delta_1},\ \frac{\partial N^0(\boldsymbol{\delta}_0)}{\partial \delta_2},\ \cdots,\ \frac{\partial N^0(\boldsymbol{\delta}_0)}{\partial \delta_n}\right)^{\mathrm{T}}
$$

$$
\boldsymbol{\Psi}=\left(\frac{\partial^2 N^0(\boldsymbol{\delta}_0)}{\partial \delta_i \partial \delta_j}\right)_{n\times n}
$$

标准化区间向量 $\boldsymbol{\delta}$ 可以表示为下式

$$
\|\boldsymbol{\delta}\|_{\infty}\leqslant 1 \tag{4.2.9}
$$

则疲劳寿命极值问题转化为如下的非线性优化问题

$$
\begin{cases}
\varphi=\mathrm{extremum}\left\{N^0(\boldsymbol{\delta}_0)+\boldsymbol{g}^{\mathrm{T}}\boldsymbol{\delta}+\frac{1}{2}\boldsymbol{\delta}^{\mathrm{T}}\boldsymbol{\Psi}\boldsymbol{\delta}\right\} \\
\text{s.t. } \|\boldsymbol{\delta}\|_{\infty}\leqslant 1
\end{cases}
\tag{4.2.10}
$$

上述优化问题的拉格朗日函数为

$$
L=N^0(\boldsymbol{\delta}_0)+\boldsymbol{g}^{\mathrm{T}}\boldsymbol{\delta}+\frac{1}{2}\boldsymbol{\delta}^{\mathrm{T}}\boldsymbol{\Psi}\boldsymbol{\delta}+\xi\left(\|\boldsymbol{\delta}\|_{\infty}-1\right) \tag{4.2.11}
$$

式中，$\|\boldsymbol{\delta}\|_{\infty}=\lim\limits_{t\to\infty}\left(\sum\limits_{i=1}^{n}|\delta_i|^t\right)^{\frac{1}{t}}$。

首先判断疲劳寿命函数在凸集内部是否有极值点。将上式求导，并令 $\xi=0$，可得下式

$$
\begin{cases}
\dfrac{\partial L}{\partial \boldsymbol{\delta}}=\boldsymbol{g}+\boldsymbol{\Psi}\boldsymbol{\delta}=0 \Rightarrow \boldsymbol{\delta}=-\boldsymbol{\Psi}^{-1}\boldsymbol{g} \\
\text{s.t. } \|\boldsymbol{\delta}\|_{\infty}<1 \Rightarrow \|-\boldsymbol{\Psi}^{-1}\boldsymbol{g}\|_{\infty}<1
\end{cases}
\tag{4.2.12}
$$

如果上式有解，则将 $\boldsymbol{\delta}=-\boldsymbol{\Psi}^{-1}\boldsymbol{g}$ 代入式（4.2.11）中，得疲劳寿命函数在凸集内部的极值

$$
\varphi_1=N^0(\boldsymbol{\delta}_0)-\frac{1}{2}\boldsymbol{g}^{\mathrm{T}}\boldsymbol{\Psi}^{-1}\boldsymbol{g} \tag{4.2.13}
$$

疲劳寿命函数在凸集边界取极值的条件为

$$\begin{cases}\dfrac{\partial L}{\partial \boldsymbol{\delta}}=\boldsymbol{g}+\boldsymbol{\Psi\delta}+\xi\boldsymbol{\Pi}=0\\ \text{s. t. } \|\boldsymbol{\delta}\|_\infty=1\end{cases} \tag{4.2.14}$$

式中，$\boldsymbol{\Pi}$ 为如下的向量

$$\begin{cases}\boldsymbol{\Pi}=\dfrac{\partial(\|\boldsymbol{\delta}\|_\infty-1)}{\partial\boldsymbol{\delta}}=[f(\delta_1),f(\delta_2),\cdots,f(\delta_n)]^{\mathrm{T}}\\ f(\delta_i)=\mathrm{sgn}(\delta_i)[|\delta_i|],\quad i=1,2,\cdots,n\end{cases} \tag{4.2.15}$$

式中，sgn（・）为符号函数，[・] 为取整函数。

从式（4.2.14）可求得两个以上拉格朗日乘子和相应的 $\boldsymbol{\delta}$ 值，并记为 $\boldsymbol{\delta}_i$，$i=2,3,\cdots,k$，与之对应的结构寿命值为

$$\varphi_i=N^0(\boldsymbol{\delta}_0)+\boldsymbol{g}^{\mathrm{T}}\boldsymbol{\delta}_i+\frac{1}{2}\boldsymbol{\delta}_i^{\mathrm{T}}\boldsymbol{\Psi\delta}_i,\quad i=2,3,\cdots,k \tag{4.2.16}$$

由式（4.2.13）和式（4.2.16）可得区间模型下结构疲劳寿命的上、下限

$$\begin{cases}N^{\mathrm{L}}=\varphi_{\min}=\min\{\varphi_1,\varphi_2,\cdots,\varphi_k\},\\ N^{\mathrm{U}}=\varphi_{\max}=\max\{\varphi_1,\varphi_2,\cdots,\varphi_k\}\end{cases} \tag{4.2.17}$$

4.2.1.2　基于超椭球模型的疲劳寿命分析

设结构的疲劳寿命仍为式（4.2.6），且参数 $\boldsymbol{X}$ 可表示成

$$\boldsymbol{X}=\boldsymbol{X}^0+\boldsymbol{\delta}=(x_1^0,x_2^0,\cdots,x_n^0)^{\mathrm{T}}+(\delta_1,\delta_2,\cdots,\delta_n)^{\mathrm{T}} \tag{4.2.18}$$

式中，$\boldsymbol{X}^0$ 为有界不确定参数的中心值向量，$\boldsymbol{\delta}$ 为参数在均值附近的不确定性波动，并假设 $\boldsymbol{\delta}$ 在如下的超椭球内变化，即

$$E(\boldsymbol{\delta},\theta)=\{\boldsymbol{\delta}:\boldsymbol{\delta}^{\mathrm{T}}\boldsymbol{\Omega\delta}\leqslant\theta^2\} \tag{4.2.19}$$

式中，$\boldsymbol{\Omega}$ 为正定矩阵，θ 为正实数。

将 $N(\boldsymbol{X})$ 在 $\boldsymbol{X}^0$ 附近进行 Taylor 展开并保留到二次项，即

$$\begin{aligned}N(\boldsymbol{X})&=N(\boldsymbol{X}^0+\boldsymbol{\delta})\\&\approx N(\boldsymbol{X}^0)+\sum_{i=1}^{n}\frac{\partial N(\boldsymbol{X}^0)}{\partial\delta_i}\delta_i+\frac{1}{2}\sum_{i,j=1}^{n}\frac{\partial^2N(\boldsymbol{X}^0)}{\partial\delta_i\partial\delta_j}\delta_i\delta_j=N^0+\boldsymbol{g}^{\mathrm{T}}\boldsymbol{\delta}+\frac{1}{2}\boldsymbol{\delta}^{\mathrm{T}}\boldsymbol{\Psi\delta}\end{aligned} \tag{4.2.20}$$

式中，

$$N^0 = N\ (\boldsymbol{X}^0)$$

$$\boldsymbol{g} = \left(\frac{\partial N\ (\boldsymbol{X}^0)}{\partial \delta_1},\ \frac{\partial N\ (\boldsymbol{X}^0)}{\partial \delta_2},\ \cdots,\ \frac{\partial N\ (\boldsymbol{X}^0)}{\partial \delta_n}\right)^{\mathrm{T}}$$

$$\boldsymbol{\Psi} = \left(\frac{\partial^2 N\ (\boldsymbol{X}^0)}{\partial \delta_i \partial \delta_j}\right)_{n\times n}$$

由式（4.2.19）和式（4.2.20）可知，疲劳寿命极值问题可转化为如下的非线性优化问题

$$\begin{cases}\varphi = \text{extremum}\ \left\{N^0 + \boldsymbol{g}^{\mathrm{T}}\boldsymbol{\delta} + \dfrac{1}{2}\boldsymbol{\delta}^{\mathrm{T}}\boldsymbol{\Psi}\boldsymbol{\delta}\right\} \\ \text{s. t.}\quad \boldsymbol{\delta}^{\mathrm{T}}\boldsymbol{\Omega}\boldsymbol{\delta} \leqslant \theta^2\end{cases} \tag{4.2.21}$$

首先判断疲劳寿命函数在超椭球内部是否存在极值点，求解下式

$$\begin{cases}\dfrac{\partial N}{\partial \boldsymbol{\delta}} = \boldsymbol{g} + \boldsymbol{\Psi}\boldsymbol{\delta} = 0 \Rightarrow \boldsymbol{\delta} = -\boldsymbol{\Psi}^{-1}\boldsymbol{g} \\ \text{s. t.}\quad \boldsymbol{\delta}^{\mathrm{T}}\boldsymbol{\Omega}\boldsymbol{\delta} < \theta^2 \Rightarrow \boldsymbol{g}^{\mathrm{T}}\boldsymbol{\Psi}^{-1}\boldsymbol{\Omega}\boldsymbol{\Psi}^{-1}\boldsymbol{g} < \theta^2\end{cases} \tag{4.2.22}$$

如果上式有解，则椭球内部的寿命极值为

$$\varphi_1 = N^0\ (\boldsymbol{\delta}_0) - \frac{1}{2}\boldsymbol{g}^{\mathrm{T}}\boldsymbol{\Psi}^{-1}\boldsymbol{g} \tag{4.2.23}$$

为了求解椭球边界上的寿命极值，构建如下的拉格朗日函数

$$L = N^0 + \boldsymbol{g}^{\mathrm{T}}\boldsymbol{\delta} + \frac{1}{2}\boldsymbol{\delta}^{\mathrm{T}}\boldsymbol{\Psi}\boldsymbol{\delta} + \xi\ (\boldsymbol{\delta}^{\mathrm{T}}\boldsymbol{\Omega}\boldsymbol{\delta} - \theta^2) \tag{4.2.24}$$

则疲劳寿命函数在凸集边界上取极值的必要条件为

$$\begin{cases}\dfrac{\partial L}{\partial \boldsymbol{\delta}} = \boldsymbol{g} + \boldsymbol{\Psi}\boldsymbol{\delta} + 2\xi\boldsymbol{\Omega}\boldsymbol{\delta} = 0 \\ \text{s. t.}\quad \boldsymbol{\delta}^{\mathrm{T}}\boldsymbol{\Omega}\boldsymbol{\delta} = \theta^2\end{cases} \tag{4.2.25}$$

上式可求得两个以上拉格朗日乘子及其相应的边界点，记拉格朗日乘子为 ξ_i，$i=2,\ 3,\ \cdots,\ l$，则对应的寿命值为

$$\varphi_i = N^0 - \boldsymbol{g}^{\mathrm{T}}\ (\boldsymbol{\Psi}+2\xi_i\boldsymbol{\Omega})^{-1}\boldsymbol{g} + \frac{1}{2}\boldsymbol{g}^{\mathrm{T}}\ (\boldsymbol{\Psi}+2\xi_i\boldsymbol{\Omega})^{-1}\boldsymbol{\Psi}\ (\boldsymbol{\Psi}+2\xi_i\boldsymbol{\Omega})^{-1}\boldsymbol{g},\ i=2,\ 3,\ \cdots,\ l \tag{4.2.26}$$

由式（4.2.23）和式（4.2.26）可得超椭球模型下的疲劳寿命上、下限

$$\begin{cases} N^{\mathrm{L}} = \varphi_{\min} = \min\ \{\varphi_1,\ \varphi_2,\ \cdots,\ \varphi_l\} \\ N^{\mathrm{U}} = \varphi_{\max} = \max\ \{\varphi_1,\ \varphi_2,\ \cdots,\ \varphi_l\} \end{cases} \tag{4.2.27}$$

4.2.1.3　基于复合凸集模型的疲劳寿命分析

实际工程结构往往含有较多的不确定性参数，根据参数统计特征的不同，有时需要建立包含区间模型和若干超椭球模型的复合凸集模型，即

$$\boldsymbol{X} = (\boldsymbol{X}_1^{\mathrm{T}},\ \cdots,\ \boldsymbol{X}_m^{\mathrm{T}})^{\mathrm{T}} \in \Theta = I_1 \otimes E_2 \otimes E_3 \otimes \cdots \otimes E_m \tag{4.2.28}$$

$$\boldsymbol{X}_1 \in I_1 = \{\boldsymbol{X}_1:\ -\Delta\boldsymbol{X}_1 \leqslant \boldsymbol{X}_1 - \boldsymbol{X}_1^0 \leqslant \Delta\boldsymbol{X}_1\} \tag{4.2.29}$$

$$\boldsymbol{X}_i \in E_i\ (\boldsymbol{X}_i,\ \theta_i) = \{\boldsymbol{X}_i:\ (\boldsymbol{X}_i - \boldsymbol{X}_i^0)^{\mathrm{T}}\boldsymbol{\Omega}_i\ (\boldsymbol{X}_i - \boldsymbol{X}_i^0) \leqslant \theta_i^2\},\quad i = 2,\ 3,\ \cdots,\ m \tag{4.2.30}$$

图 4.1 为一个三维简单复合凸集模型的示意图。

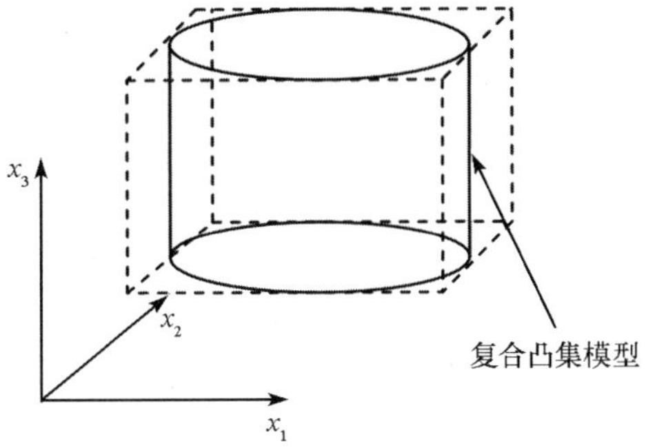

图 4.1　三维复合凸集模型

为了构建疲劳寿命的拉格朗日函数，先根据式（4.2.5）将区间变量转化为标准化区间变量，超椭球模型维持不变，构建如下的拉格朗日函数

$$L = N^0 + \boldsymbol{g}^{\mathrm{T}}\boldsymbol{\delta} + \frac{1}{2}\boldsymbol{\delta}^{\mathrm{T}}\boldsymbol{\Psi}\boldsymbol{\delta} + \xi_1(\|\boldsymbol{\delta}_1\|_\infty - 1) + \sum_{i=2}^{m}\xi_i(\boldsymbol{\delta}_i^{\mathrm{T}}\boldsymbol{\Omega}_i\boldsymbol{\delta}_i - \theta_i^2) \tag{4.2.31}$$

当疲劳寿命函数在凸集合内部存在极值点时，下面的问题有解

$$\begin{cases} \dfrac{\partial N}{\partial \boldsymbol{\delta}} = \boldsymbol{g} + \boldsymbol{\Psi}\boldsymbol{\delta} = 0 \Rightarrow \boldsymbol{\delta} = -\boldsymbol{\Psi}^{-1}\boldsymbol{g} \\ \text{s. t. } \|\boldsymbol{\delta}_1\|_\infty < 1,\ \boldsymbol{\delta}_i^{\mathrm{T}}\boldsymbol{\Omega}_i\boldsymbol{\delta}_i < \theta^2,\quad i = 2,\ 3,\ \cdots,\ m \end{cases} \tag{4.2.32}$$

若上式有解，则疲劳寿命在复合凸集内部的极值为

$$\varphi_1 = N^0\ (\boldsymbol{\delta}_0)\ - \frac{1}{2}\mathbf{g}^{\mathrm{T}}\boldsymbol{\Psi}^{-1}\mathbf{g} \tag{4.2.33}$$

疲劳寿命函数在复合凸集边界取极值的必要条件为

$$\begin{cases} \dfrac{\partial L}{\partial \boldsymbol{\delta}} = \boldsymbol{g} + \boldsymbol{\Psi\delta} + \ (\xi_1 f\ (\boldsymbol{\delta}_1)^{\mathrm{T}},\ (2\xi_2\boldsymbol{\Omega}_2\boldsymbol{\delta}_2)^{\mathrm{T}},\ \cdots,\ (2\xi_m\boldsymbol{\Omega}_m\boldsymbol{\delta}_m)^{\mathrm{T}})^{\mathrm{T}} = 0 \\ \text{s. t. } \|\boldsymbol{\delta}_1\|_\infty = 1,\ \boldsymbol{\delta}_i^{\mathrm{T}}\boldsymbol{\Omega}_i\boldsymbol{\delta}_i = \theta_i^2,\quad i = 2,\ 3,\ \cdots,\ m \end{cases} \tag{4.2.34}$$

理论上，上式应有两组（含）以上的解。实际问题中，如果难以得到解析解，还可以借助计算机进行迭代求解。假设计算得到 k 组解，则可以得到复合凸集边界上的 k 个寿命值，不妨记为 φ_i（$i=2,\ 3,\ \cdots,\ k+1$），则有下式

$$\varphi_i = N^0 + \mathbf{g}^{\mathrm{T}}\boldsymbol{\delta}_i + \frac{1}{2}\boldsymbol{\delta}_i^{\mathrm{T}}\boldsymbol{\Psi\delta}_i,\quad i=2,\ 3,\ \cdots,\ k+1 \tag{4.2.35}$$

由式（4.2.33）和式（4.2.35）可得到复合凸集模型下的疲劳寿命上、下限值

$$\begin{aligned} N^{\mathrm{L}} &= \varphi_{\min} = \min\ \{\varphi_1,\ \varphi_2,\ \cdots,\ \varphi_{k+1}\} \\ N^{\mathrm{U}} &= \varphi_{\max} = \max\ \{\varphi_1,\ \varphi_2,\ \cdots,\ \varphi_{k+1}\} \end{aligned} \tag{4.2.36}$$

4.2.2 隐式寿命函数的求导方法

实际问题中的寿命函数往往是隐式的，由于函数的复杂性，隐式寿命函数的显性化一般有较大的难度。然而，在构建寿命函数的 Taylor 展式时，需要用到疲劳寿命的一、二阶导数，下面给出隐式寿命函数的导数求解方法。

设结构的隐式疲劳寿命函数为

$$F\ (N,\ \boldsymbol{X})\ = F\ (N,\ x_1,\ x_2,\ \cdots,\ x_n)\ = 0 \tag{4.2.37}$$

式中，N 为疲劳寿命，$\boldsymbol{X}$ 为参数向量。疲劳寿命关于结构参数的一阶导数为

$$\frac{\partial N\ (\boldsymbol{X})}{\partial x_i} = -\frac{\partial F\ (N,\ \boldsymbol{X})\ /\partial x_i}{\partial F\ (N,\ \boldsymbol{X})\ /\partial N} \tag{4.2.38}$$

疲劳寿命关于结构参数的二阶导数为

$$\frac{\partial^2 N\ (\boldsymbol{X})}{\partial x_i \partial x_j}=\frac{\partial\left(-\frac{\partial F/\partial x_i}{\partial F/\partial N}\right)}{\partial x_j}+\frac{\partial\left(-\frac{\partial F/\partial x_i}{\partial F/\partial N}\right)}{\partial N}\left(-\frac{\partial F/\partial x_j}{\partial F/\partial N}\right) \tag{4.2.39}$$

4.2.3　修正的超椭球模型构建方法

实际问题中，结构变量的超椭球模型一般是由试验或其他来源所得的数据信息来确定。文献［77］基于优化理论，得到了包含超长方体模型且体积最小的超椭球的半轴长度，构建了区间模型最小外接超椭球。由 4.1.2 节可知，该超椭球的半轴长为

$$e_i=\sqrt{n}\Delta x_i,\quad i=1,\ 2,\ \cdots,\ n \tag{4.2.40}$$

式中，e_i 为超椭球的半轴长，Δx_i 为区间模型的离差，n 为变量维数。

这种体积最小的外接超椭球一定程度上可以弥补由于统计数据匮乏而引起的统计盲区，同时可以忽略边角处的极小概率事件，在变量维数较低时该模型较为适用。

当维数超过三维时，该模型会迅速扩大而偏离实际，比如当维数为四维时，超椭球的半轴为区间离差的 2 倍，当维数为六维时，则是 2.45 倍，这显然与实际发生了偏离。本节采用超立方体的内切超椭球和外接超椭球的折中办法来克服上述模型的不足。外接超椭球半轴由式（4.2.40）计算，内切超椭球半轴与区间离差相等，修正后的超椭球的半轴计算式为

$$e_i=\frac{1+\sqrt{n}}{2}\Delta x_i,\quad i=1,\ 2,\ \cdots,\ n \tag{4.2.41}$$

修正后超椭球模型尽管也随着变量维数的增加而扩大，但对于一般的实际问题足以满足要求，且依然能够对样本盲区和边缘极小概率事件作出处理，如图 4.2 所示。

图 4.3 为修正前、后的椭球半径与区间离差之比随维数的变化曲线。

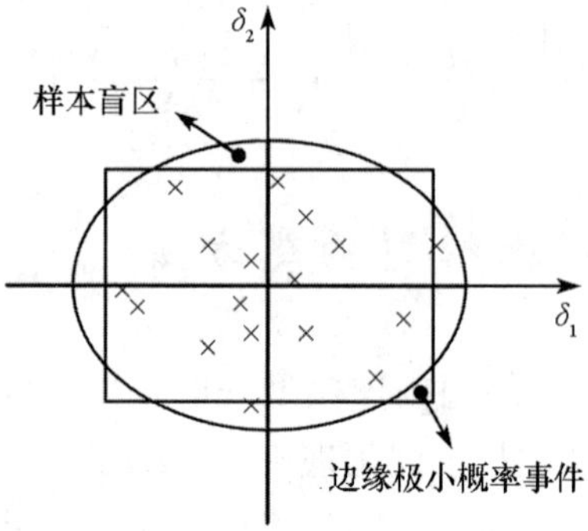

图 4.2　样本盲区和边缘极小概率事件

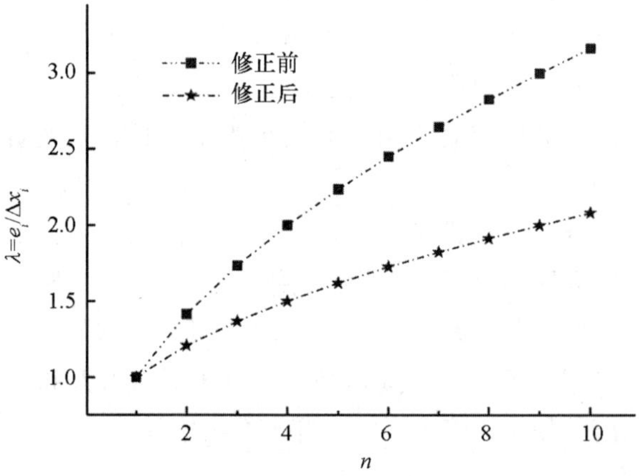

图 4.3　椭球半径与区间离差之比随维数的变化曲线

4.2.4　疲劳寿命分析的 Monte Carlo 方法

通过数学解析方法得到的寿命界值是精确的，然而，由于高维非线性等因素，有时获得非线性方程组的精确解较为困难。数字模拟方法是求解寿命界值的另一重要途径。

本书中第 3 章 3.3.1 节给出了将复合凸集模型单位化的方法，这一方法也可以应用于疲劳寿命的仿真估计。设结构参数的不确定性由式（4.2.28）

所示的复合凸集模型来表示。复合凸集模型单位化后的疲劳寿命函数为

$$N = N'\ (\boldsymbol{\delta}_1,\ \Delta\boldsymbol{u}_2,\ \Delta\boldsymbol{u}_3,\ \cdots,\ \Delta\boldsymbol{u}_m) \tag{4.2.42}$$

式中，$\boldsymbol{\delta}_1$ 为 n_1维单位化区间变量向量，$\boldsymbol{\delta}_1 \in [0,\ 1]^{n_1}$，$\Delta\boldsymbol{u}_2 \sim \Delta\boldsymbol{u}_m$ 为 $m-1$ 个单位化超球体变量向量，$\Delta\boldsymbol{u}_i$ 满足 $\Delta\boldsymbol{u}_i^{\mathrm{T}}\Delta\boldsymbol{u}_i \leqslant 1$。

为了模拟结构疲劳寿命的上、下限值，需要在复合凸集模型内抽取仿真实验点。对于区间模型来说，单位化区间变量 $\boldsymbol{\delta}_1$ 的样本可直接由计算机抽取。

对于单位超球体来说，可先抽取区间球坐标的样本点，再经坐标变换，得到单位超球体内的实验点。设 $\Delta\boldsymbol{u}_i$ 的维数为 n_i，单位超球体的球坐标为 $(r,\ \theta_1,\ \theta_2,\ \cdots,\ \theta_{n_i-1})$，则其各分量的取值区间为 $r \in [0,\ 1]$，$\theta_1 \sim \theta_{n_i-2} \in [0,\ \pi]$，$\theta_{n_i-1} \in [0,\ 2\pi]$。正交坐标与球坐标的变换关系请参考本书中第 3 章式（3.2.21）。

由单位化复合凸集模型内的实验点，可实现寿命界值的 Monte Carlo 计算，即

$$\begin{cases} N^{\mathrm{U}} \approx \max\limits_{1 \leqslant i \leqslant N} N'\ [\boldsymbol{\delta}_1^{(i)},\ \Delta\boldsymbol{u}_2^{(i)},\ \Delta\boldsymbol{u}_3^{(i)},\ \cdots,\ \Delta\boldsymbol{u}_m^{(i)}] \\ N^{\mathrm{L}} \approx \min\limits_{1 \leqslant i \leqslant N} N'\ [\boldsymbol{\delta}_1^{(i)},\ \Delta\boldsymbol{u}_2^{(i)},\ \Delta\boldsymbol{u}_3^{(i)},\ \cdots,\ \Delta\boldsymbol{u}_m^{(i)}] \end{cases} \tag{4.2.43}$$

式中，n 为仿真实验点的数目，即 Monte Carlo 模拟次数。

4.2.5　算例分析

盘 - 片结构是燃气涡轮发动机的关键部件[134]，其寿命预测的合理与否直接关系到发动机整机的运行安全。

某型燃气涡轮叶片材料为镍基高温合金 GH4413[135]。由叶片材料应变 - 寿命疲劳试验得到的 Manson-Coffin 应变 - 疲劳参数变化范围如表 4.1 所列。同时，根据叶片材料场径的不确定性，确定了应变场强的取值范围。

表 4.1　Manson-Coffin 应变 - 疲劳参数的有界不确定性范围

应变场强度 $\Delta\varepsilon_t/\%$	[0.559, 0.657]	疲劳塑性系数 $\varepsilon_f'/\%$	[9.546, 11.326]
疲劳强度系数 σ_f'/GPa	[1.420, 1.596]	疲劳强度指数 b	$\left[b^c-\frac{\beta}{2}\lvert b^c\rvert,\ b^c+\frac{\beta}{2}\lvert b^c\rvert\right]$
平均应力 σ_m/GPa	[0.366, 0.404]	疲劳塑性指数 c	$\left[c^c-\frac{\beta}{2}\lvert c^c\rvert,\ c^c+\frac{\beta}{2}\lvert c^c\rvert\right]$

由于实际的疲劳载荷几乎都是非对称应变循环，因此在使用 $R_\varepsilon=-1$ 下的应变 - 寿命曲线进行疲劳寿命估算时，需要对应变 - 寿命曲线进行修正。对于不同的材料，平均应力的影响是不同的，原则上这种修正应以试验数据为依据，但当缺乏实际应变比下的试验数据时，可选用一些经验的修正公式。本节选用包含了平均应力的应变 - 寿命曲线——Morrow 弹性应力线性修正公式[136]，即

$$\Delta\varepsilon_t/2=\frac{(\sigma_f'-\sigma_m)}{E}(2N_f)^b+\varepsilon_f'(2N_f)^c \tag{4.2.44}$$

为了表述方便，将原始变量统一记号如下

$$(\Delta\varepsilon_t,\ \sigma_f',\ \sigma_m,\ \varepsilon_f',\ b,\ c)\triangleq(x_1,\ x_2,\ \cdots,\ x_6) \tag{4.2.45}$$

将变量符号替换并移项后得

$$F(N_f,\ \boldsymbol{X})=\frac{(x_2-x_3)}{E}(2N_f)^{x_5}+x_4(2N_f)^{x_6}-x_1/2 \tag{4.2.46}$$

当 $\beta=0.03$ 时，依据超椭球半径计算式（4.2.41），得椭球半径如下：$e_1=0.084\ 5$，$e_2=0.151\ 8$，$e_3=0.032\ 8$，$e_4=1.535\ 0$，$e_5=0.003\ 4$，$e_6=0.012\ 7$。

将超椭球模型单位化后的隐性寿命函数为

$$\begin{aligned}F(N,\boldsymbol{U})=&\frac{(1.123+0.151\ 8u_2-0.032\ 8u_3)}{189}(2N)(-0.131\ 8+0.003\ 4u_5)+\\&\frac{(10.436+1.535u_4)}{100}(2N)(-0.4899+0.0127u_6)-\\&\frac{0.608+0.084\ 5u_1}{200}\end{aligned} \tag{4.2.47}$$

式中，$\boldsymbol{U}$ 为单位化变量向量，即

$$\boldsymbol{U} = (u_1, u_2, \cdots, u_6)^{\mathrm{T}} \in \{\boldsymbol{U}: \boldsymbol{U}^{\mathrm{T}}\boldsymbol{U} \leqslant 1\} \tag{4.2.48}$$

根据隐式寿命函数的求导公式见式（4.2.38）和式（4.2.39），可求得疲劳寿命关于结构参数的一阶导数向量和二阶导数矩阵为

$$\boldsymbol{\eta} = (-2\,135.49, 1\,231.31, -266.054, 920.358, 281.138, 717.826)^{\mathrm{T}} \tag{4.2.49}$$

$$\boldsymbol{\Psi} = \begin{pmatrix} 1\,484.95 & -774.979 & 167.453 & -414.285 & -192.495 & -362.816 \\ & 400.007 & -86.431\,1 & 203.862 & 138.299 & 181.891 \\ & & 18.675\,5 & -44.049\,3 & -29.882\,7 & -39.301\,8 \\ & & & 81.274\,8 & 53.247\,6 & 186.082 \\ & \text{（对称）} & & & 33.623\,9 & 46.756\,4 \\ & & & & & 158.477 \end{pmatrix} \tag{4.2.50}$$

从而可得疲劳寿命的二阶 Taylor 展式，即

$$N = N^0 + \boldsymbol{\eta}^{\mathrm{T}}\boldsymbol{U} + \frac{1}{2}\boldsymbol{U}^{\mathrm{T}}\boldsymbol{\Psi}\boldsymbol{U} \tag{4.2.51}$$

经求导得到寿命函数的驻点

$$\boldsymbol{\delta} = -\boldsymbol{\Psi}^{-1}\boldsymbol{\eta} = [0.651\,1, 6.527\,7, -2.017\,8, 0.615\,2, -3.497\,6, -3.497\,6]^{\mathrm{T}} \tag{4.2.52}$$

由于 $\boldsymbol{\delta}^{\mathrm{T}}\boldsymbol{\delta} = 71.95 > 1$，可以判断出疲劳寿命函数在单位超球体内部无极值，即极值应该在边界上取得。由拉格朗日乘子法得到的拉格朗日乘子为 $\xi_1 = 417.88$，$\xi_2 = -2\,443.2$，与其对应的边界点分别为

$$\boldsymbol{U}_1 = (0.605\,1, -0.466\,4, 0.100\,8, -0.556\,3, -0.061\,3, -0.304\,9)^{\mathrm{T}} \tag{4.2.53}$$

$$\boldsymbol{U}_2 = (-0.800\,5, 0.441\,0, -0.095\,3, 0.290\,8, 0.108\,4, 0.243\,5)^{\mathrm{T}} \tag{4.2.54}$$

由寿命函数计算得到疲劳寿命下限 $N^{\mathrm{L}} = 2527$，疲劳寿命上限 $N^{\mathrm{U}} = 8\,084$。

此外，将采用概率方法、区间模型、外接椭球模型、内切椭球模型以及中位椭球模型的分析结果进行了对比。不同方法、不同 β 值时结构疲劳寿命上、下限如图 4.4 所示。

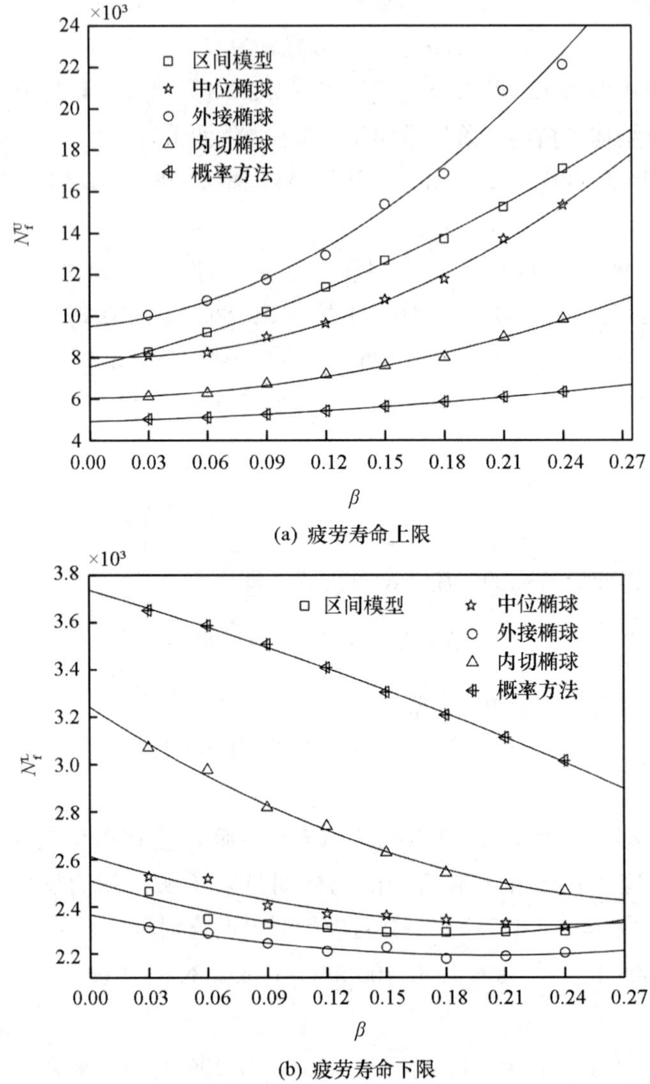

(a) 疲劳寿命上限

(b) 疲劳寿命下限

图 4.4　不同方法所得疲劳寿命上、下限的对比

由图 4.4 可以看出，由非概率凸集方法得到的寿命范围包含了概率方法所得的结果，这与概率论和凸集理论的意义相一致。当统计信息不足时，概率方法所带有的主观强假设容易隐含风险。中位椭球模型所得的结果介于外接椭球和内切椭球的结果之间，该模型一定程度上克服了外接椭球模型在高维下偏离实际的不足。此外，由于该模型能对样本盲区进行适当处理，其分析结果相对于内切椭球模型则偏于安全，因此，中位椭球模型的工程适用性较好，尤其适用于高维问题。另外，疲劳寿命的变化范围随偏差系数 β 的增大而扩大，因此，即使部分参数的区间波动也能够对结构的寿命的分散程度产生显著影响。算例本身也证实了疲劳寿命分析方法的可操作性。

4.3　结构疲劳寿命分析的模糊凸集模型

4.3.1　模糊约束集合下的疲劳寿命估计

假设结构参数 $\boldsymbol{X}$ 在中心值附近的波动量 $\boldsymbol{\delta}$ 在如下的模糊超椭球内变化，即

$$E(\boldsymbol{\delta},\ \tilde{\theta}) = \{\boldsymbol{\delta}:\ \boldsymbol{\delta}^{\mathrm{T}}\boldsymbol{\Omega}\boldsymbol{\delta} \leqslant \tilde{\theta}^2\} \tag{4.3.1}$$

式中，$\tilde{\theta}$ 为正模糊数，其隶属函数型式一般为

$$\tilde{\theta}(x) = \begin{cases} 1 & 0 \leqslant x < \theta_1 \\ \dfrac{\theta_2 - x}{\theta_2 - \theta_1} & \theta_1 \leqslant x \leqslant \theta_2 \\ 0 & x > \theta_2 \end{cases} \tag{4.3.2}$$

图 4.5 为 $\tilde{\theta}$ 的隶属函数示意图，二维模糊椭球模型的示意图如图 4.6 所示。

根据 4.2.1 节的算法，假设疲劳寿命 N 在 n 维超椭球 $\boldsymbol{\delta}^{\mathrm{T}}\boldsymbol{\Omega}\boldsymbol{\delta} \leqslant \theta_2$ 内的极值为

$$\begin{cases} M = \max\limits_{\boldsymbol{\delta}^{\mathrm{T}}\boldsymbol{\Omega}\boldsymbol{\delta} \leqslant \theta_2^2} N(\boldsymbol{X}^0 + \boldsymbol{\delta}) \\ m = \min\limits_{\boldsymbol{\delta}^{\mathrm{T}}\boldsymbol{\Omega}\boldsymbol{\delta} \leqslant \theta_2^2} N(\boldsymbol{X}^0 + \boldsymbol{\delta}) \end{cases} \tag{4.3.3}$$

构造疲劳寿命的模糊极大集和模糊极小集如下

$$\begin{cases}\widetilde{M}(\boldsymbol{X})=\dfrac{N(\boldsymbol{X})-m}{M-m}\\ \widetilde{m}(\boldsymbol{X})=\dfrac{M-N(\boldsymbol{X})}{M-m}\end{cases}\tag{4.3.4}$$

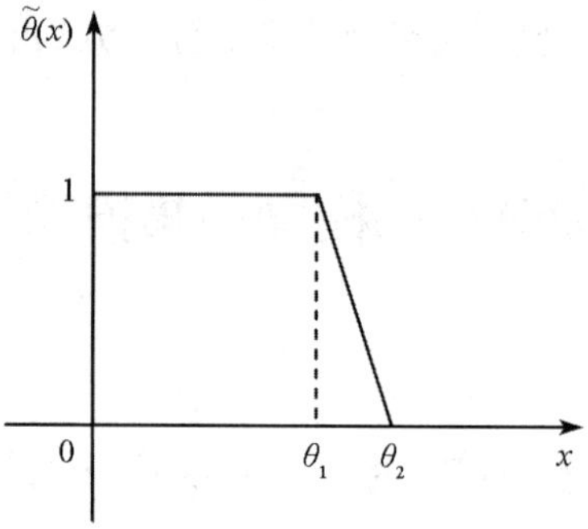

图 4.5 $\widetilde{\theta}$ 的隶属函数示意图

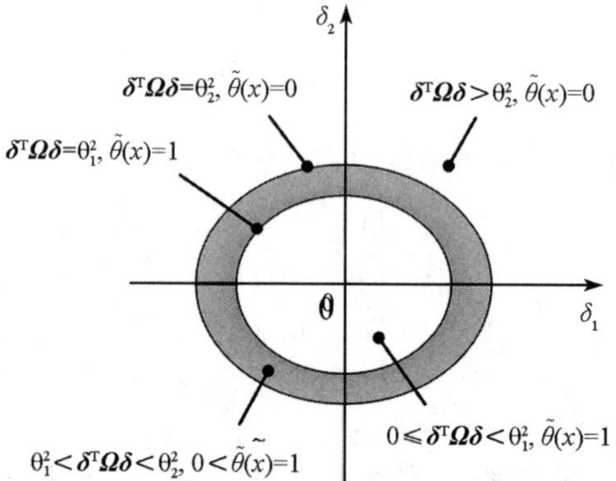

图 4.6 二维模糊椭球示意图

由 F 规划理论，将普通超椭球模型扩充成为模糊超椭球模型之后，如果存在点 $\boldsymbol{X}^*\in\mathbf{R}^n$，使得

$$\widetilde{M}(\boldsymbol{X}^*)=\max_{\boldsymbol{X}\in\mathbf{R}^n}\{\widetilde{M}(\boldsymbol{X})\wedge\widetilde{\theta}[(\boldsymbol{X}-\boldsymbol{X}^0)^{\mathrm{T}}\boldsymbol{\Omega}(\boldsymbol{X}-\boldsymbol{X}^0)]\}\tag{4.3.5}$$

或存在点 $\boldsymbol{X}^{**}\in\mathbf{R}^n$，使得

$$\widetilde{m}(\boldsymbol{X}^{**}) = \max_{\boldsymbol{X}\in\mathbf{R}^n}\{\widetilde{m}(\boldsymbol{X}) \wedge \widetilde{\theta}[(\boldsymbol{X}-\boldsymbol{X}^0)^{\mathrm{T}}\boldsymbol{\Omega}(\boldsymbol{X}-\boldsymbol{X}^0)]\} \tag{4.3.6}$$

则 $\boldsymbol{X}^*$ 和 $\boldsymbol{X}^{**}$ 分别为结构疲劳寿命函数 $N(\boldsymbol{X})$ 在模糊约束集合下的条件极大点和条件极小点，而 $N(\boldsymbol{X}^*)$ 和 $N(\boldsymbol{X}^{**})$ 分别为模糊约束集合下结构疲劳寿命的上限值和下限值。

4.3.2　模糊约束集合的界定方法

在实际问题中，根据有限的数据所确定的变量区间往往是较粗糙的，不仅可能存在统计盲区，而且数据本身也可能带有一定的误差。客观地讲，几乎不可能由很少的数据获知确切的参数变化区间，而只能大致确定一个边界的范围。构建模糊凸集模型是应对该问题的一个有效手段。

邱志平等[77]基于优化理论，得到的包含区间模型且体积最小的超椭球模型的半轴长为

$$e_i = \sqrt{n}\Delta x_i,\quad i=1,\ 2,\ \cdots,\ n \tag{4.3.7}$$

式中，e_i 为超椭球的半轴，Δx_i 为区间离差，n 为变量维数。

记 $[\boldsymbol{\Lambda}]$ 为以区间离差 Δx_i 为对角元素的对角矩阵，那么，该超椭球可表示为

$$\boldsymbol{\delta}^{\mathrm{T}}[\boldsymbol{\Lambda}]\boldsymbol{\delta} \leqslant n \tag{4.3.8}$$

本章第4.2.3节已指出，当变量维数较高时，该超椭球模型会与实际发生较大的偏离。此处，主张将超椭球的边界做模糊化处理，从而摆脱刚性凸集模型的误差难以判断和控制的问题。

将上述外接超椭球模型作为模糊超椭球凸集的外缘，模糊凸集的内缘采用区间模型内切超椭球，其半径与区间模型的离差相等，并有如下表达式

$$\boldsymbol{\delta}^{\mathrm{T}}[\boldsymbol{\Lambda}]\boldsymbol{\delta} \leqslant 1 \tag{4.3.9}$$

设疲劳寿命参数的维数为 n，则可建立如下的模糊超椭球模型

$$E(\boldsymbol{\delta},\ \widetilde{\theta}) = \{\boldsymbol{\delta}:\ \boldsymbol{\delta}^{\mathrm{T}}[\boldsymbol{\Lambda}]\boldsymbol{\delta} \leqslant \widetilde{\theta}^2\} \tag{4.3.10}$$

其中，$\widetilde{\theta}$ 为正模糊数，是凸集模型的模糊尺度参数。$\widetilde{\theta}$ 作为凸集模型模糊性质的表征参数，仅需选取形式较为简单的典型递减型隶属函数（如偏小型半

梯形分布或偏小型正态分布）即可取得较好的效果。书中仅以偏小型半梯形分布进行讨论，则 $\tilde{\theta}$ 的隶属函数为

$$\tilde{\theta}(x)=\begin{cases}1 & 0\leqslant x<1\\ \dfrac{\sqrt{n}-x}{\sqrt{n}-1} & 1\leqslant x\leqslant\sqrt{n}\\ 0 & x>\sqrt{n}\end{cases}\tag{4.3.11}$$

二维简单模糊凸集模型的示意图如图 4.7 所示。

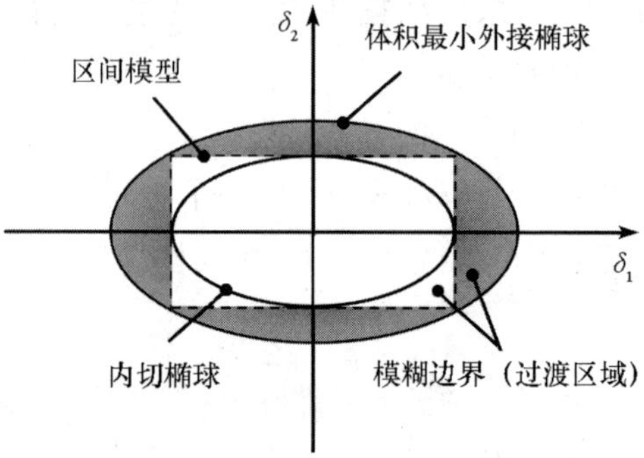

图 4.7　二维模糊椭球模型

4.3.3　模糊约束集合下的寿命极值求解

普通集合约束下的寿命极值可采用 4.2 节的方法求得，而当约束为模糊集合时，寿命极值的求解则较为复杂，更适合采用数字模拟方法求解。

根据 4.3.1 节的理论，可以将模糊超椭球的外缘进行归一化处理。假设该外缘超椭球为

$$\boldsymbol{X}\in E(\boldsymbol{X},\theta_2)=\{\boldsymbol{X}:(\boldsymbol{X}-\boldsymbol{X}^0)^{\mathrm{T}}\boldsymbol{\Omega}(\boldsymbol{X}-\boldsymbol{X}^0)\leqslant\theta_2^2\}\tag{4.3.12}$$

对正定矩阵 $\boldsymbol{\Omega}$ 做如下特征值分解

$$\begin{cases}\boldsymbol{\Omega}=\boldsymbol{Q}^{\mathrm{T}}\boldsymbol{D}\boldsymbol{Q}\\ \boldsymbol{Q}^{\mathrm{T}}\boldsymbol{Q}=\boldsymbol{I}\end{cases}\tag{4.3.13}$$

式中，$\boldsymbol{D}$ 为对角矩阵，$\boldsymbol{I}$ 为单位矩阵。引入向量

$$\boldsymbol{u}=(1/\theta_2)\boldsymbol{D}^{1/2}\boldsymbol{Q}\boldsymbol{X}\tag{4.3.14}$$

则原凸集可转化为

$$\boldsymbol{u} \in \{\boldsymbol{u}: (\boldsymbol{u}-\boldsymbol{u}^0)^{\mathrm{T}}(\boldsymbol{u}-\boldsymbol{u}^0) \leqslant 1\} \tag{4.3.15}$$

或

$$\Delta\boldsymbol{u} \in \{\Delta\boldsymbol{u}: \Delta\boldsymbol{u}^{\mathrm{T}}\Delta\boldsymbol{u} \leqslant 1\} \tag{4.3.16}$$

由式（4.3.14）可得

$$\boldsymbol{X} = \theta_2 \boldsymbol{Q}^{\mathrm{T}} \boldsymbol{D}^{-1/2} \boldsymbol{u} = \theta_2 \boldsymbol{Q}^{\mathrm{T}} \boldsymbol{D}^{-1/2}(\Delta\boldsymbol{u} + \boldsymbol{u}^0) \tag{4.3.17}$$

通过上述变换，将模糊凸集的外缘超椭球模型转化成了单位超球体模型。根据本书中第3章式（3.2.21），可以先在区间球坐标内抽取样本点，再将这些样本点通过坐标变换转换到正交坐标系下超球体内的样本点，并由式（4.3.17）得到结构参数 $\boldsymbol{X}$ 的样本点，从而可以模拟得到模糊超椭球模型下的疲劳寿命极值点，即

$$\widetilde{M}(\boldsymbol{X}^*) \approx \max_{\boldsymbol{X} \in \Gamma} \{\widetilde{M}(\boldsymbol{X}) \wedge \widetilde{\theta}[(\boldsymbol{X}-\boldsymbol{X}^0)^{\mathrm{T}} \boldsymbol{\Omega} (\boldsymbol{X}-\boldsymbol{X}^0)]\} \tag{4.3.18}$$

$$\widetilde{m}(\boldsymbol{X}^{**}) \approx \max_{\boldsymbol{X} \in \Gamma} \{\widetilde{m}(\boldsymbol{X}) \wedge \widetilde{\theta}[(\boldsymbol{X}-\boldsymbol{X}^0)^{\mathrm{T}} \boldsymbol{\Omega} (\boldsymbol{X}-\boldsymbol{X}^0)]\} \tag{4.3.19}$$

式中，Γ 为结构参数向量 $\boldsymbol{X}$ 的实验样本集，$\boldsymbol{X}^*$ 和 $\boldsymbol{X}^{**}$ 分别为模糊超椭球集合约束下疲劳寿命函数 $N(\boldsymbol{X})$ 的条件极大点和条件极小点。求解 $N(\boldsymbol{X}^*)$ 和 $N(\boldsymbol{X}^{**})$ 即可得该模糊约束下结构疲劳寿命的上限值和下限值。

4.3.4　算例分析

继续对4.2.5节的燃气涡轮盘－片结构进行疲劳寿命分析，各参数取值维持不变。

按照4.2.5节的做法，通过变量符号替换和移项得到如下的隐式寿命函数

$$F(N_{\mathrm{f}}, \boldsymbol{X}) = \frac{(x_2 - x_3)}{E}(2N_{\mathrm{f}})^{x_5} + x_4(2N_{\mathrm{f}})^{x_6} - x_1/2 \tag{4.3.20}$$

当 $\beta = 0.03$ 时，依据体积最小外接椭球的半径计算公式（4.3.7），可得外接椭球半径：$e_1 = 0.12$，$e_2 = 0.215\ 6$，$e_3 = 0.046\ 5$，$e_4 = 2.18$，$e_5 = 0.004\ 8$，$e_6 = 0.018$。

根据 4.2 节的方法，可得该椭球模型下的寿命极值为

$$\begin{cases} N_f^L = 2\ 319 \\ N_f^U = 9\ 970 \end{cases} \tag{4.3.21}$$

则结构疲劳寿命的模糊极大集和模糊极小集为

$$\begin{cases} \tilde{M}(\boldsymbol{X}) = \dfrac{N_f(\boldsymbol{X}) - 2\ 319}{7\ 651} \\ \tilde{m}(\boldsymbol{X}) = \dfrac{9\ 970 - N_f(\boldsymbol{X})}{7\ 651} \end{cases} \tag{4.3.22}$$

结构疲劳寿命参数的模糊凸集模型为

$$E(\boldsymbol{\delta}, \tilde{\theta}) = \{\boldsymbol{\delta}: \boldsymbol{\delta}^T [\boldsymbol{\Lambda}] \boldsymbol{\delta} \leqslant \tilde{\theta}^2\} \tag{4.3.23}$$

式中，$\boldsymbol{\delta} = \boldsymbol{X} - \boldsymbol{X}^0$，$[\boldsymbol{\Lambda}]$ 为以结构参数的离差为对角元素的对角矩阵，$\tilde{\theta}$ 为正模糊数，其隶属函数为

$$\tilde{\theta}(x) = \begin{cases} 1 & 0 \leqslant x < 1 \\ \dfrac{\sqrt{6} - x}{\sqrt{6} - 1} & 1 \leqslant x \leqslant \sqrt{6} \\ 0 & x > \sqrt{6} \end{cases} \tag{4.3.24}$$

将外接椭球模型进行归一化处理后，依据 4.3.3 节中的方法，模拟计算得到的结构疲劳寿命的条件极值为 $\tilde{N}_f^U = 7\ 314$，$\tilde{N}_f^L = 2\ 984$。当 β 取值变化时，模糊超椭球方法、普通超椭球方法以及概率方法所得到的寿命分析结果如图 4.8 所示。

由图 4.8 可知，模糊超椭球模型的计算结果介于内、外椭球结果之间，可见，模糊超椭球模型与 4.2 节建立的中位椭球模型有些类似，可视为是对内外椭球模型的一种折中，但模糊超椭球模型本身是一种更为科学的建模方法，可有效提高分析结果的可信度，并突破了传统刚性凸集模型在实际应用中误差难以判断和控制等的局限性。概率方法得到的寿命范围是几种方法中最窄的，这与 4.2.5 节的结论是一致的。当统计信息较少时，模糊凸集模型所得结果相对于概率方法更加稳妥或偏于安全。与 4.2.5 节的分析结果类似，疲劳寿命范围随偏差系数 β 的增大而变宽，说明寿命参数的不确定性是导致结构寿命分散的根本原因。同时，算例本身也证实了基于模糊超椭球或模糊

凸集模型的疲劳寿命分析方法的可操作性及合理性。

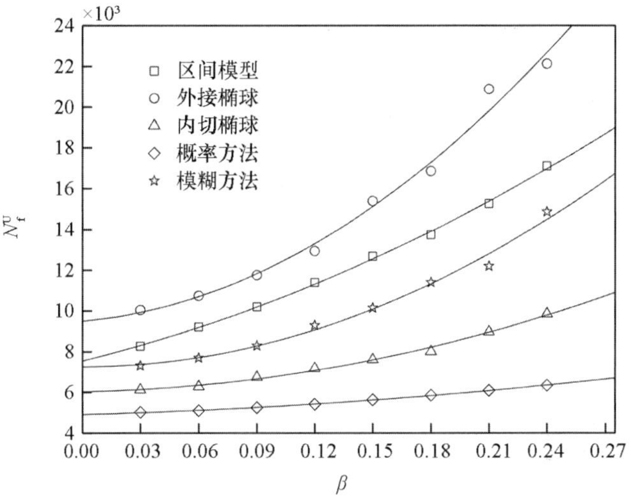

(a) 疲劳寿命极大值

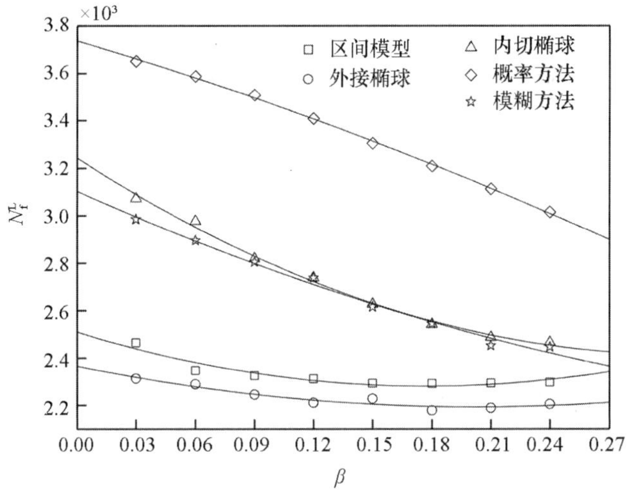

(b) 疲劳寿命极小值

图 4.8　不同 β 值时几种方法的分析结果比较

第5章　结构静动力模糊有限元方法研究

本章对模糊凸集或模糊参数结构的静力响应和动力特征值问题进行研究，主要有如下两点研究根据：

（1）在实际问题中，当我们所掌握的数据信息较少时，可以采用对信息量要求较低的凸集模型来量化结构参数的不确定性。然而，我们还需要承认根据少量甚至极少的数据信息未必能够轻易得到与实际相符的确切的凸集模型，或者说，由少量数据信息所确定的刚性凸集模型的可信度不高，其与实际情况存在多大的误差也难以判断。采用“模糊化”的手段可以改善凸集描述方法，即给凸集模型的尺度参数赋予一个可能性分布，这种“模糊化”的手段比粗略地确定一个凸集模型反而更加精确。本书中第3章已对模糊凸集模型进行了详细讨论。

（2）许多实际结构存在着模糊参数。模糊参数是用可能性分布描述其不确定性特征，而可能性与概率在含义上存在本质差别。比如，Joins在早餐吃5个鸡蛋的可能性为0.9，但他吃5个鸡蛋的概率却几乎为0。此外，模糊参数可能性分布的统计源于主观统计或专家经验的统计，能够避免概率方法所依赖的客观试验统计方法。因而，模糊理论实际上也是一种适用于小样本问题的不确定性理论。

事实上，上述的模糊凸集和模糊参数在实际研究中是可以统一起来的，本章将对模糊约束下的静力响应和动力特征值问题进行研究。

5.1　模糊参数及其可能性分布

5.1.1　可能性分布及其性质

设 F 是论域 U 上的模糊子集，它的隶属函数为 μ_F，X 是在 U 上取值的变量，当 F 对赋予 X 的值起弹性限制的作用时，F 就成为变量 X 上（或与 X 相联系）的一个模糊约束。记作

$$X = u : \mu_F(u) \tag{5.1.1}$$

式中，$\mu_F(u)$ 解释为当 u 赋予 X 时，模糊限制 F 被满足的程度。等价地，$1-\mu_F(u)$ 解释为为了将 u 赋予 X，模糊限制必须被扩展的程度。模糊子集 F 本身并不是一个模糊约束，只有当它所起的作用是对论域上的变量进行限制时，才产生与 F 相应的模糊约束。

设 $R(X)$ 为 X 的一个模糊约束，为了表明 F 对 X 的约束作用，记

$$R(X) = F \tag{5.1.2}$$

这种形式的方程称为关系赋值方程，表明与 X 相关联的约束指定为一个模糊子集。

由此，与 X 有关的可能性分布记为 Π_X，假定它等于 $R(X)$，即

$$\Pi_X = R(X) \tag{5.1.3}$$

相应地，与 X 相关联的可能性分布函数（或 Π_X 的可能性分布函数）用 π_X 表示，并在数值上等于 F 的隶属度，即

$$\forall\ u \in U,\ \pi_X(u) = \mu_F(u) \tag{5.1.4}$$

这样，$X = u$ 的可能度 $\pi_X(u)$ 就假定等于 $\mu_F(u)$。

为便于理解，在此以一个例子来进行说明[137]。

设 U 为正整数的论域，F 为其上的“小整数”模糊子集，它由下式定义

$$\text{small integer} = \frac{1}{1} + \frac{1}{2} + \frac{0.8}{3} + \frac{0.6}{4} + \frac{0.4}{5} + \frac{0.2}{6} + \cdots \tag{5.1.5}$$

那么命题“X 是小整数”就使得 X 与下面的可能性分布相联系

$$\Pi_X = \frac{1}{1} + \frac{1}{2} + \frac{0.8}{3} + \frac{0.6}{4} + \frac{0.4}{5} + \frac{0.2}{6} + \cdots \tag{5.1.6}$$

其中任一项，如$\frac{0.8}{3}$，表示“X 是 3”确定命题“X 是小整数”的可能度为0.8。

模糊约束与可能性分布之间的关系见表5.1[137]。

表5.1　模糊约束与可能性分布

模糊约束		可能性分布	
赋值方程	$R(X)=F$	命题	X 是 F
模糊约束	$R(X)$	可能性分布	Π_X
模糊约束的隶属函数	μ_F	可能性分布函数	π_X

设 A 是 U 的普通子集，Π_X是与变量 X 相联系的可能性分布，X 是在 U 中取值的变量，则 A 的可能性测度 $\pi(A)$ 定义为［0，1］中的一个数。即

$$\pi(A) \triangleq \sup_{u\in A} \pi_X(u) \tag{5.1.7}$$

式中，$\pi_X(u)$ 是 Π_X的可能性分布函数，因而这个值可以解释为 X 的取值属于 A 的可能性，并用下式表示

$$Poss(X\in A) \triangleq \pi(A) \triangleq \sup_{u\in A} \pi_X(u) \tag{5.1.8}$$

当 A 是模糊子集时，X 取值属于 A 是无意义的。为此，必须将上式扩展，得到更一般的可能性测度的定义。

设 A 是 U 上的模糊子集，Π_X是与变量 X 相关的可能性分布，而 X 是在 U 中取值的变量，则 A 的可能性测度定义为

$$Poss(X\text{ 是 }A) \triangleq \pi(A) \triangleq \sup_{u\in U} [\mu_A(u) \wedge \pi_X(u)] \tag{5.1.9}$$

式中，$\mu_A(u)$ 为 A 的隶属函数。

可能性测度有如下性质[138]：

性质1：设 A、B 为 U 上的模糊子集，则

$$\pi(A\cup B) = \pi(A) \vee \pi(B) \tag{5.1.10}$$

可见，模糊子集的可能性测度具有模糊可加性。在概率论中的可加性是指，若对 A 和 B 两个可测集，有 $A\cap B=\varnothing$，则

$$P(A \cup B) = P(A) + P(B) \tag{5.1.11}$$

这就是说，两个可加性有本质上的不同。模糊可加性不要求 $A \cap B = \varnothing$。

性质 2：设 A、B 为 U 上的模糊子集，则

$$\pi(A \cap B) \leqslant \pi(A) \wedge \pi(B) \tag{5.1.12}$$

当 $\pi(A \cap B) = \pi(A) \wedge \pi(B)$ 时，我们说 A 和 B 互不相交或互不相关。

我们通常所说的模糊参数、隶属度函数、可能性分布等都是一元的概念，比如具有模糊边界的区间模型可视为模糊参数的一种形式，各个模糊参数之间相互独立，其不确定性可用一元可能性分布来处理。如果将一般性的凸集模型（如超椭球凸集模型）的边界进行模糊化处理，则得到的是模糊凸集模型，其为高维空间内的模糊子集，而与其对应的是多元可能性分布。

5.1.2　可能性与概率的关系

概率分布是利用试验统计的方法反映事件发生的规律，它是基于客观统计意义上的；可能性分布与人类的认识和思维有关，它具有主观性。对一个概率分布 $Pr^{(n)} = (p_1, p_2, \cdots, p_n)$ 来说，满足：① $p_i \geqslant 0$ $(i = 1, 2, \cdots, n)$，即任一事件发生概率是非负的；② $\sum_{i=1}^{n} p_i = 1$，即各个事件发生的概率总和为 1。而对于一个可能性分布 $Poss^{(n)} = (r_1, r_2, \cdots, r_n)$ 而言，它只满足第一个条件而不一定满足第二个条件。

下面引用 Zadeh 所举的著名例子[139]来说明可能性和概率二者的关系。

考虑“Hans 吃 X 个鸡蛋当早餐”，显然 X 在 $U = \{1, 2, \cdots, n, \cdots\}$ 中取值。赋予 X 一个可能性分布，把 $\pi_X(u)$ 作为 Hans 能吃 u 个鸡蛋的相容度；再赋一个概率分布，把 $P_X(u)$ 作为 Hans 吃 u 个鸡蛋当早餐的概率。两个分布列表如表 5.2 所示。

表 5.2　X 的可能性分布和概率分布

u	1	2	3	4	5	6	7	8
$\pi_X(u)$	1	1	1	1	0.8	0.6	0.4	0.2
$P_X(u)$	0.2	0.7	0.1	0	0	0	0	0

根据表5.2可知，尽管Hans可以吃3个鸡蛋当早餐的可能性为1，但他这样做的概率却为0.1。所以，可能性大并不意味着概率大，概率小也不意味着可能性小。然而，当事件不可能发生时，它必不发生，一般说来两者有如下的关系：

如果一个事件的发生概率大，那么它发生的可能性也大；等价地，它的逆否命题（一个事件发生的可能性小，那么它发生的概率也小）也成立。这就是概率/可能性相容原理[139]。具体地，Zadeh给出了下面的公式。

若X可以取值u_1，u_2，…，u_n，并且分别有可能度$\Pi=(\pi_1, \pi_2, \cdots, \pi_n)$和概率$P=(p_1, p_2, \cdots, p_n)$，那么概率分布$P$与可能性分布$\Pi$的相容度可用下式表示

$$\gamma=\pi_1 p_1+\pi_2 p_2+\cdots+\pi_n p_n \tag{5.1.13}$$

此原理并不是一种严谨的法则，而是由直觉体验到的近似表达式。可能性分布与概率分布通过相容性原理松散地联系着[137]。关于概率与可能性测度的区别主要有：

（1）前者主要依据对现实的观测，后者除了对现实的观测外，还涉及人的主观认识。

（2）与概率不同，可能性测度不包含重复试验的思想，它不涉及统计特性[140]。

（3）可能性同我们对可实行性的程度或技能的熟练程度的感觉有关，而概率与信念、频率或比例有关。在所研究的不确定性问题无法得到统计特征或无法进行统计时，可以考虑采用可能性理论。

（4）从数学角度看，概率测度的公理化定义是建立在经典测度基础上的，满足经典测度公理，在本质上是一种经典的测度。而可能性测度是一种似然性测度，而似然性测度是一种模糊测度，模糊测度又是经典测度的扩张。

5.2　结构静力响应的模糊特性和条件极值

5.2.1　结构静力响应的模糊特性

设 $\tilde{\boldsymbol{\alpha}}=(\tilde{\alpha}_i)_m$ 是结构的模糊参数向量，则结构静力位移的有限元控制方程为

$$\boldsymbol{K}(\tilde{\boldsymbol{\alpha}})\ \tilde{\boldsymbol{u}}=\boldsymbol{f}(\tilde{\boldsymbol{\alpha}}) \tag{5.2.1}$$

式中，$\boldsymbol{K}(\tilde{\boldsymbol{\alpha}})=(k_{ij}(\tilde{\boldsymbol{\alpha}}))_{n\times n}$为结构的总刚度矩阵，$\boldsymbol{f}(\tilde{\boldsymbol{\alpha}})=(f_i(\tilde{\boldsymbol{\alpha}}))_n$ 为结构的节点载荷向量。

设模糊参数 $\tilde{\alpha}_i$ 的可能性分布函数为 $\pi_{\tilde{\alpha}_i}(x)$，对模糊参数取不同的水平截集，就可以得到一系列的区间参数线性方程组

$$\boldsymbol{K}(\boldsymbol{\alpha}_\lambda^{\mathrm{I}})\ \boldsymbol{u}_\lambda^{\mathrm{I}}=\boldsymbol{f}(\boldsymbol{\alpha}_\lambda^{\mathrm{I}}) \tag{5.2.2}$$

式中，

$$\begin{cases}\boldsymbol{\alpha}_\lambda^{\mathrm{I}}=(\alpha_{i\lambda}^{\mathrm{I}})_m\\ \alpha_{i\lambda}^{\mathrm{I}}=[(\pi_{\tilde{\alpha}_i}^{\mathrm{l}})^{-1}(\lambda),(\pi_{\tilde{\alpha}_i}^{\mathrm{r}})^{-1}(\lambda)]\end{cases} \tag{5.2.3}$$

λ 为截集水平，$\pi_{\tilde{\alpha}_i}^{\mathrm{l}}$和 $\pi_{\tilde{\alpha}_i}^{\mathrm{r}}$分别为 $\pi_{\tilde{\alpha}_i}(x)$ 的左右分支。

结构应力响应的区间可以表示为

$$\boldsymbol{\sigma}_\lambda^{\mathrm{I}}=\boldsymbol{S}(\boldsymbol{\alpha}_\lambda^{\mathrm{I}})\{[\boldsymbol{K}(\boldsymbol{\alpha}_\lambda^{\mathrm{I}})]^{-1}\boldsymbol{f}(\boldsymbol{\alpha}_\lambda^{\mathrm{I}})\}^e \tag{5.2.4}$$

式（5.2.2）和式（5.2.4）即为静力区间有限元问题。

如果结构的模糊参数向量 $\tilde{\boldsymbol{\alpha}}$ 在模糊凸集 $\tilde{\boldsymbol{C}}$ 内变化，对模糊参数取不同的水平截集，就可以得到一系列的受凸集 $\boldsymbol{C}_\lambda$ 约束的线性方程组

$$\boldsymbol{K}(\boldsymbol{\alpha})\ \boldsymbol{u}=\boldsymbol{f}(\boldsymbol{\alpha}),\ \boldsymbol{\alpha}\in\boldsymbol{C}_\lambda,\ \boldsymbol{u}\in\boldsymbol{u}_\lambda^{\mathrm{I}} \tag{5.2.5}$$

结构应力响应的区间可以表示为

$$\boldsymbol{\sigma}_\lambda^{\mathrm{I}}=\boldsymbol{S}(\boldsymbol{\alpha})\{[\boldsymbol{K}(\boldsymbol{\alpha})]^{-1}\boldsymbol{f}(\boldsymbol{\alpha})\}^e,\ \boldsymbol{\alpha}\in\boldsymbol{C}_\lambda \tag{5.2.6}$$

式（5.2.5）和式（5.2.6）即为静力集合有限元问题。

记静力响应指标为 $\boldsymbol{u}$。设在 λ 水平截集下，得到的结构响应区间为 $\boldsymbol{u}_\lambda^{\mathrm{I}}$，

则根据分解定理[138]，可得到结构的模糊响应为

$$\tilde{\boldsymbol{u}} = \bigcup_{\lambda \in [0,1]} (\lambda \boldsymbol{u}_{\lambda}^{\mathrm{I}}) \tag{5.2.7}$$

在分析实际问题时，可以取若干离散的截集水平，与其对应地进行若干次区间有限元或集合有限元的计算，从而得到这些截集水平下的响应区间，并根据这些响应区间近似合成结构响应的可能性分布函数，进而对结构响应的模糊特性进行分析。

模糊参数与模糊凸集约束下结构响应的模糊特性分析原理如图 5.1 和图 5.2 所示。

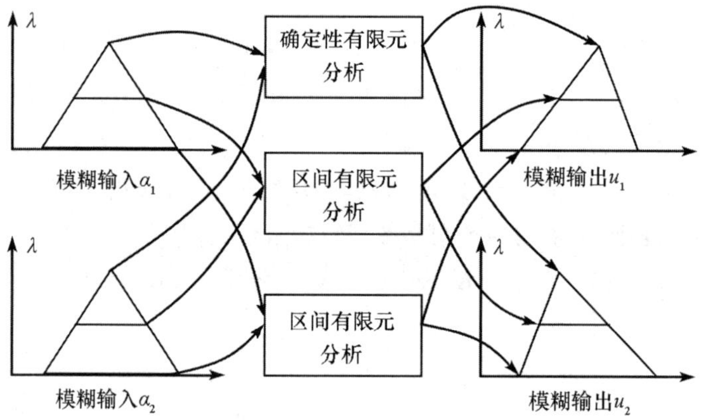

图 5.1　模糊参数下结构静力响应模糊特性分析原理示意图

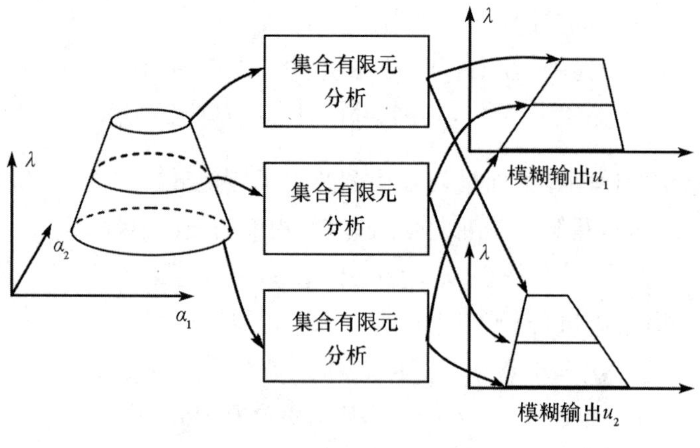

图 5.2　模糊凸集约束下结构响应模糊特性的分析原理示意图

5.2.2 模糊约束下结构静力响应的条件极值

根据5.2.1节可得到结构静力响应的可能性分布函数。在工程实际中，人们往往需要对一些问题作出决策，如结构设计方案的取舍、既有结构维修方案的制定和产品报废等，这时仅根据结构静力响应的模糊分布或模糊特性进行决策，往往是很难的，还需要另外的非模糊的量化指标来协助工程人员进行决策。

本节根据模糊理论中的对称型 F 规划[138]的理论，提出结构响应在模糊约束下的条件极值或条件范围。对称型 F 规划是指在目标和约束具有同等重要的情况下，求最优化的问题。

记结构响应为 $u(\boldsymbol{\alpha})$，当 $\boldsymbol{\alpha}$ 在0－水平截集的区间或凸集内变化时，结构响应的上、下界为 M 和 m，则可构造如下的模糊极大集和模糊极小集

$$\begin{cases} \tilde{M}_u(\boldsymbol{\alpha}) = \dfrac{u(\boldsymbol{\alpha}) - m}{M - m} \\ \tilde{m}_u(\boldsymbol{\alpha}) = \dfrac{M - u(\boldsymbol{\alpha})}{M - m} \end{cases} \tag{5.2.8}$$

记结构参数向量 $\boldsymbol{\alpha}$ 的可能性分布为 $A(\boldsymbol{\alpha})$，如果存在点 $\boldsymbol{\alpha}^*$，使得下式成立

$$\tilde{M}_u(\boldsymbol{\alpha}^*) = \max_{\boldsymbol{\alpha} \in \mathbf{R}^m} \{\tilde{M}_u(\boldsymbol{\alpha}) \wedge A(\boldsymbol{\alpha})\} \tag{5.2.9}$$

则称 $\boldsymbol{\alpha}^*$ 为 $u(\boldsymbol{\alpha})$ 在 F 集约束 $A(\boldsymbol{\alpha})$ 上的极大元素，而称 $u(\boldsymbol{\alpha}^*)$ 是在 F 约束 $A(\boldsymbol{\alpha})$ 下的条件极大值。

同理，如果存在点 $\boldsymbol{\alpha}^{**}$，使得下式成立

$$\tilde{m}_u(\boldsymbol{\alpha}^{**}) = \max_{\boldsymbol{\alpha} \in \mathbf{R}^m} \{\tilde{m}_u(\boldsymbol{\alpha}) \wedge A(\boldsymbol{\alpha})\} \tag{5.2.10}$$

则称 $\boldsymbol{\alpha}^{**}$ 为 $u(\boldsymbol{\alpha})$ 在 F 集约束 $A(\boldsymbol{\alpha})$ 上的极小元素，而称 $u(\boldsymbol{\alpha}^{**})$ 是在 F 约束 $A(\boldsymbol{\alpha})$ 下的条件极小值。

在5.2.1节，根据输入参数的模糊性质，得到了结构静力响应的可能性分布，记该分布为 $F(u)$，设 $F(u)$ 的0－水平截集区间的上界为 $\bar{u}$，下界为 $\underline{u}$，则可构造如下的模糊极大集和模糊极小集

$$\begin{cases} \widetilde{M}(u) = \dfrac{u - \underline{u}}{\overline{u} - \underline{u}} \\ \widetilde{m}(u) = \dfrac{\overline{u} - u}{\overline{u} - \underline{u}} \end{cases} \tag{5.2.11}$$

如果存在 u^* 使得下式成立

$$\widetilde{M}(u^*) = \max_{u \in [\underline{u}, \overline{u}]} \{\widetilde{M}(u) \wedge F(u)\} \tag{5.2.12}$$

则称 u^* 为结构静力响应在 F 约束 A（$\boldsymbol{\alpha}$）下的条件极大值。

如果存在 u^{**} 使得下式成立

$$\widetilde{m}(u^{**}) = \max_{u \in [\underline{u}, \overline{u}]} \{\widetilde{m}(u) \wedge F(u)\} \tag{5.2.13}$$

则称 u^{**} 为结构静力响应在 F 约束 $A(\boldsymbol{\alpha})$ 下的条件极小值。

由上面的分析，可知

$$\begin{cases} u^* = u(\boldsymbol{\alpha}^*) \\ u^{**} = u(\boldsymbol{\alpha}^{**}) \end{cases} \tag{5.2.14}$$

值得指出，式（5.2.9）与式（5.2.10）或式（5.2.12）与式（5.2.13）的优化问题。可以采用 PSO 算法求解，PSO 算法对目标函数的可微性甚至连续性没有严格的要求，适合于求解该类问题。

结构静力响应条件极值的求解原理可以用图 5.3 表示。

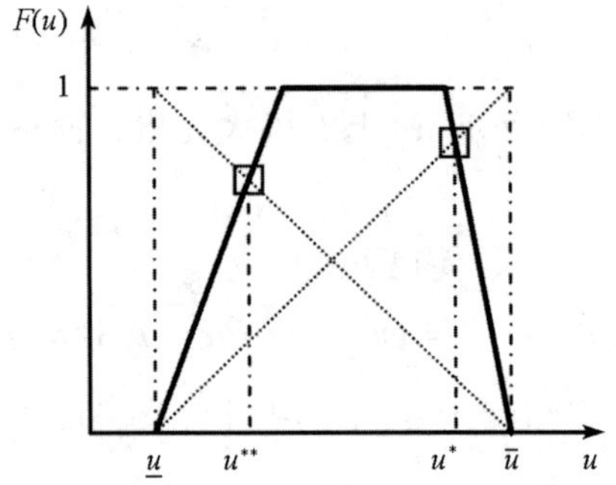

图 5.3　F 约束下条件极值的求解原理

5.2.3　基于近似模型和全局优化的总体算法

本章5.2.1 节和5.2.2 节的研究建立在结构静力集合有限元、模糊参数及模糊凸集模型、可能性理论、F 集分解定理、F 规划的基础上，其中静力集合有限元分析采用基于 Kriging 模型和 PSO 的分析方法。总结起来，模糊不确定性结构的模糊特性和条件极值分析的总体算法步骤为：

（1）根据 0－水平截集的凸集模型，根据 Latin 超立方抽样法和 Kriging 近似模型，得到结构静力响应的近似模型 u（$\boldsymbol{\alpha}$）；

（2）在［0，1］中取 k 个离散化的截集水平（含端点 0，1），对应于每一个截集水平，由结构参数 $\boldsymbol{\alpha}$ 的可能性分布，得到 k 个凸集模型；

（3）与 k 个凸集模型相对应，进行 k 次集合有限元分析，经 PSO 全局优化得到结构静力响应的 k 个截集区间；

（4）根据模糊集分解定理，由静力响应的 k 个离散截集区间得到静力响应的可能性分布；

（5）由 0－水平截集下的静力响应上、下界，构造静力响应的模糊极大集和模糊极小集；

（6）根据对称型 F 规划理论，采用 PSO 算法，优化求解式（5.2.9）与式（5.2.10），或式（5.2.12）与式（5.2.13），得到模糊不确定结构静力响应的条件极大值和条件极小值。

5.3　结构动力特征值的模糊特性与条件极值

5.3.1　结构特征值的模糊特性

考虑无阻尼结构的特征值问题

$$\boldsymbol{K}(\tilde{\boldsymbol{\alpha}})\,\tilde{\boldsymbol{u}} = \tilde{\lambda}\boldsymbol{M}(\tilde{\boldsymbol{\alpha}})\,\tilde{\boldsymbol{u}} \tag{5.3.1}$$

式中，$\tilde{\boldsymbol{\alpha}}$ 为模糊参数向量，$\boldsymbol{K}(\tilde{\boldsymbol{\alpha}})$ 和 $\boldsymbol{M}(\tilde{\boldsymbol{\alpha}})$ 分别为结构的刚度矩阵和质量矩阵，$\tilde{\lambda}=\tilde{\omega}^2$ 为结构的特征值（$\tilde{\omega}$ 为其固有频率），$\tilde{\boldsymbol{u}}$ 为相应的特征向量。

设模糊参数 $\tilde{\alpha}_i$ 的可能性分布函数为 $\boldsymbol{\pi}_{\tilde{\alpha}_i}(\tilde{\alpha}_i)$，对模糊参数取不同的水平截集 $\boldsymbol{\tau}$，可以得到一系列的广义区间特征值问题

$$\boldsymbol{K}(\boldsymbol{\alpha}_\tau^{\mathrm{I}})\ \boldsymbol{u}=\lambda\boldsymbol{M}(\boldsymbol{\alpha}_\tau^{\mathrm{I}})\ \boldsymbol{u} \tag{5.3.2}$$

上式即为区间参数广义特征值问题。

结构特征值的下界和上界所组成的区间为

$$\boldsymbol{\lambda}_\tau^{\mathrm{I}}=[\underline{\boldsymbol{\lambda}}_\tau,\ \overline{\boldsymbol{\lambda}}_\tau]=(\lambda_{i\tau}^{\mathrm{I}})_n,\ \lambda_{i\tau}^{\mathrm{I}}=[\underline{\lambda}_{i\tau},\ \overline{\lambda}_{i\tau}] \tag{5.3.3}$$

式中，

$$\underline{\lambda}_{i\tau}=\min_{\boldsymbol{\alpha}\in\boldsymbol{\alpha}_\tau^{\mathrm{I}}}\lambda_i\ \{\langle\boldsymbol{K}(\boldsymbol{\alpha}),\ \boldsymbol{M}(\boldsymbol{\alpha})\rangle\} \tag{5.3.4}$$

$$\underline{\lambda}_{i\tau}=\max_{\boldsymbol{\alpha}\in\boldsymbol{\alpha}_\tau^{\mathrm{I}}}\lambda_i\ \{\langle\boldsymbol{K}(\alpha),\ \boldsymbol{M}(\alpha)\rangle\} \tag{5.3.5}$$

当结构参数的不确定性用模糊凸集 $\tilde{\boldsymbol{C}}$ 来描述时，对模糊凸集取不同的水平截集，即可得到一系列受凸集 $\boldsymbol{C}_\tau$ 约束的广义特征值问题

$$\boldsymbol{K}(\boldsymbol{\alpha})\ \boldsymbol{u}=\lambda\boldsymbol{M}(\boldsymbol{\alpha})\ \boldsymbol{u},\ \boldsymbol{\alpha}\in\boldsymbol{C}_\tau,\ \lambda\in\lambda_\tau^{\mathrm{I}} \tag{5.3.6}$$

式（5.3.2）和式（5.3.6）即为动力特征值的集合有限元问题。

根据 F 集分解定理[138]，可得到结构第 i 阶的模糊特征值

$$\underline{\lambda}_i=\bigcup_{\tau\in[0,1]}\tau\lambda_{i\tau}^{\mathrm{I}} \tag{5.3.7}$$

在实际问题中，可以选取若干离散的截集水平进行分析，得到这些截集水平下的区间特征值，由这些区间特征值及其对应的截集水平近似合成模糊特征值的可能性分布函数，从而对特征值的模糊特性进行分析。该分析过程与图 5.1 和图 5.2 所示的静力分析过程类似，此处不再赘述。

5.3.2 模糊约束下结构特征值的条件极值

上一小节在动力特征值的集合有限元分析、模糊凸集模型或模糊参数、F 集分解定理的基础上，得到了结构特征值的可能性分布。下面进一步研究模糊约束下的结构特征值的条件极值问题，从而为“模糊”特征值问题提供“非模糊”的量化指标。

记结构特征值为 $\lambda(\boldsymbol{\alpha})$，当 $\boldsymbol{\alpha}$ 在 0 - 水平截集的区间或凸集内变化时，结构特征值的上、下界为 M 和 m，则可构造如下的模糊极大集和模糊极小集

$$\begin{cases} \widetilde{M}_{\lambda}(\boldsymbol{\alpha}) = \dfrac{\lambda(\boldsymbol{\alpha}) - m}{M - m} \\ \widetilde{m}_{\lambda}(\boldsymbol{\alpha}) = \dfrac{M - \lambda(\boldsymbol{\alpha})}{M - m} \end{cases} \tag{5.3.8}$$

记结构参数向量 $\boldsymbol{\alpha}$ 的可能性分布为 $A(\boldsymbol{\alpha})$，如果存在点 $\boldsymbol{\alpha}^*$，使得下式成立

$$\widetilde{M}_{\lambda}(\boldsymbol{\alpha}^*) = \max_{\boldsymbol{\alpha} \in \mathbf{R}^m} \{\widetilde{M}_{\lambda}(\boldsymbol{\alpha}) \wedge A(\boldsymbol{\alpha})\} \tag{5.3.9}$$

则称 $\boldsymbol{\alpha}^*$ 为 $\lambda(\boldsymbol{\alpha})$ 在 F 集约束 $A(\boldsymbol{\alpha})$ 上的极大元素，而称 $\lambda(\boldsymbol{\alpha}^*)$ 是在 F 约束 $A(\boldsymbol{\alpha})$ 下的条件极大值。

同理，如果存在点 $\boldsymbol{\alpha}^{**}$，使得下式成立

$$\widetilde{m}_{\lambda}(\boldsymbol{\alpha}^{**}) = \max_{\boldsymbol{\alpha} \in \mathbf{R}^m} \{\widetilde{m}_{\lambda}(\boldsymbol{\alpha}) \wedge A(\boldsymbol{\alpha})\} \tag{5.3.10}$$

则称 $\boldsymbol{\alpha}^{**}$ 为 $\lambda(\boldsymbol{\alpha})$ 在 F 集约束 $A(\boldsymbol{\alpha})$ 上的极小元素，而称 $\lambda(\boldsymbol{\alpha}^{**})$ 是在 F 约束 $A(\boldsymbol{\alpha})$ 下的条件极小值。

在 5.3.1 节，根据输入参数的模糊性质，得到了结构特征值的可能性分布。记该分布为 $F(\lambda)$，设 $F(\lambda)$ 的 0 - 水平截集区间的上界为 $\bar{\lambda}$，下界为 $\underline{\lambda}$，则可构造如下的模糊极大集和模糊极小集

$$\begin{cases} \widetilde{M}(\lambda) = \dfrac{\lambda - \underline{\lambda}}{\bar{\lambda} - \underline{\lambda}} \\ \widetilde{m}(\lambda) = \dfrac{\bar{\lambda} - \lambda}{\bar{\lambda} - \underline{\lambda}} \end{cases} \tag{5.3.11}$$

如果存在 λ^* 使得下式成立

$$\widetilde{M}(\lambda^*) = \max_{\lambda \in [\underline{\lambda}, \bar{\lambda}]} \{\widetilde{M}(\lambda) \wedge F(\lambda)\} \tag{5.3.12}$$

则称 λ^* 为结构特征值在 F 约束 $A(\boldsymbol{\alpha})$ 下的条件极大值。

如果存在 λ^{**} 使得下式成立

$$\widetilde{m}(\lambda^{**}) = \max_{\lambda \in [\underline{\lambda}, \bar{\lambda}]} \{\widetilde{m}(\lambda) \wedge F(\lambda)\} \tag{5.3.13}$$

则称 λ^{**} 为结构特征值在 F 约束 $A(\boldsymbol{\alpha})$ 下的条件极小值。

由上面的分析，可知

$$\begin{cases} \lambda^{*} = \lambda(\boldsymbol{\alpha}^{*}) \\ \lambda^{**} = \lambda(\boldsymbol{\alpha}^{**}) \end{cases} \tag{5.3.14}$$

式（5.3.9）与式（5.3.10）或式（5.3.12）与式（5.3.13）的优化问题同样可以用 PSO 算法解决。结构特征值的条件极值的求解原理与图 5.3 所示类似。

5.3.3 基于近似模型和全局优化的总体算法

5.3.1 节和 5.3.2 节研究了模糊约束下结构特征值的模糊特性及条件极值问题，模糊约束下结构特征值分析的总体算法步骤如下：

（1）根据结构参数 0 – 水平截集下的凸集模型，通过 Latin 超立方抽样、模态分析和 Kriging 模型优化构建，得到结构 1 ~ q 阶特征值的近似模型 $\lambda_i(\boldsymbol{\alpha})$（$i=1, 2, \cdots, q$）；

（2）在 [0, 1] 中取 k 个离散化的截集水平（含端点 0、1），对应于每一个截集水平，由结构参数 $\boldsymbol{\alpha}$ 的可能性分布，得到 k 个凸集模型；

（3）与 k 个凸集模型相对应，进行 k 次动力特征值的集合有限元分析，经全局优化（PSO 算法）得到结构特征值的 k 个截集区间；

（4）根据 F 集分解定理，由结构特征值的 k 个离散截集区间近似合成特征值的可能性分布；

（5）由 0 – 水平截集下的结构特征值上、下界，构造结构特征值的模糊极大集和模糊极小集；

（6）根据对称型 F 规划理论，采用 PSO 算法，优化求解式（5.3.9）与式（5.3.10）或式（5.3.12）与式（5.3.13），得到模糊约束下结构特征值的条件极大值和条件极小值。

5.4　算例分析

5.4.1　静力问题分析

以某型燃气涡轮第四级叶片为研究对象，其三维实体模型如图 5.4 所示。叶片材料的弹性模量 E、材料密度 ρ 和转速 ω 的名义值分别为 2.17×10^{11} Pa，8.489×10^{3} kg/m^{3}，3.14×10^{2} rad/s。设结构参数为模糊参数，分析叶片最大应力的模糊特性及条件极值。

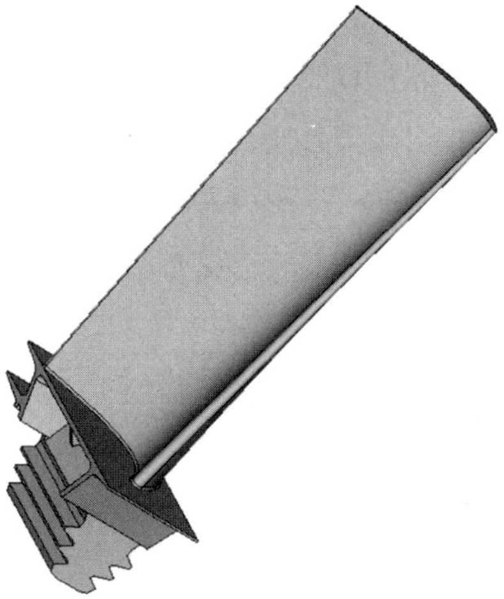

图 5.4　涡轮叶片的几何模型

下面就结构参数的三种模糊状态进行分析。

状态 1：参数的模糊不确定性由模糊区间来刻画，即假定结构参数的区间范围不具有严格的界限，各参数在 4% ~5% 不确定度之间存在一个模糊带。

在 0 和 1 之间选取 11 个截集水平，得到的结构最大应力范围如表 5.3 所列。

表 5.3　不同截集水平下叶片结构最大应力的区间界限

截集水平	0	0.1	0.2	0.3	0.4	0.5
下界	2.888 4	2.898 2	2.908 0	2.917 7	2.927 5	2.937 2
上界	3.897 4	3.885 9	3.874 5	3.863 1	3.851 7	3.840 4
截集水平	0.6	0.7	0.8	0.9	1.0	
下界	2.947 0	2.956 8	2.966 5	2.976 2	2.986 0	
上界	3.829 2	3.817 9	3.806 7	3.795 6	3.784 5	

由结构最大应力的截集区间近似合成其可能性分布，如图 5.5 所示。在以后求解条件极值时，称在参数空间内的优化方法，式（5.2.9）和式（5.2.10）为“方法 1”；在响应空间内的优化方法，式（5.2.12）和式（5.2.13）为“方法 2”。根据条件极值求解方法 2，用作图的方法可近似得到结构的条件极值，如图 5.5 所示。

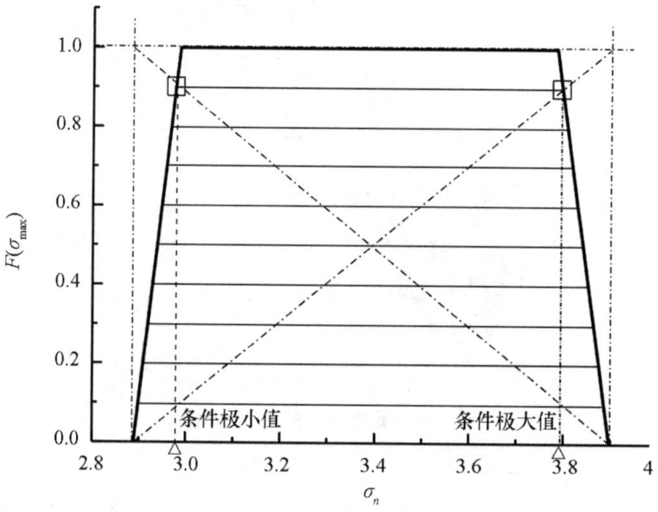

图 5.5　结构最大应力的可能性分布及条件极值

由方法 1 求解条件极值的优化过程如图 5.6 所示。图中 *ps* 为种群数目，*w* 为惯性因子，*gebst* 为全局最优值。优化结果与图 5.5 中的结果高度一致，验证了两种求解方法的统一性，即式（5.2.14）的正确性。需要说明，图 5.6 中获得的最优值并非结构的应力响应值，而是应力响应条件极值的可能度或其对模糊目标集的隶属度，这是由优化问题的目标函数所决定的，见式（5.2.9）和式（5.2.10）。结构最大应力的条件极值及其对应的结构参数如表 5.4 所列。

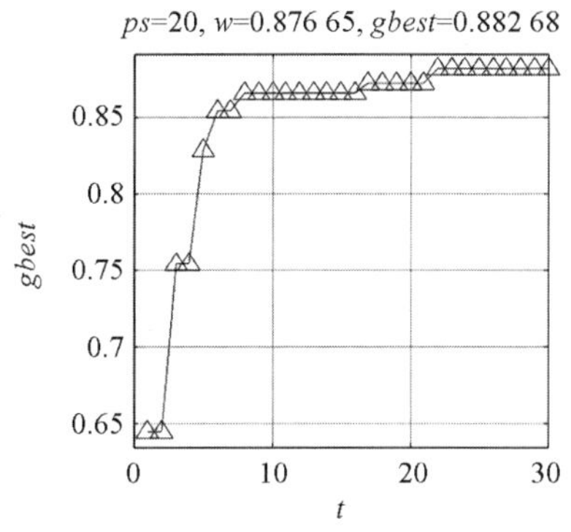

(a) 条件极大值寻优过程

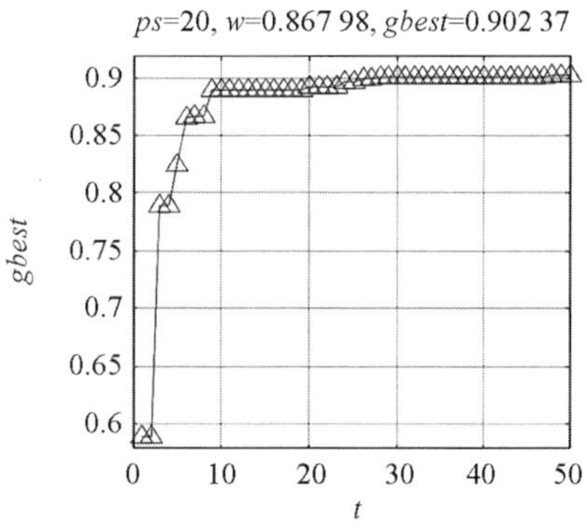

(b) 条件极小值寻优过程

图 5.6　模糊区间约束下结构最大应力响应条件极值的寻优过程

表 5.4　结构最大应力的条件极值及对应参数

	σ_{max}/（Pa）	E/（Pa）	ρ/（kg/m^3）	ω/（rad/s）	可能度
条件极大值	$3.794\ 8\times10^8$	$2.247\ 7\times10^{11}$	$8.836\ 9\times10^3$	$3.269\ 2\times10^2$	0.882 7
条件极小值	$2.978\ 3\times10^8$	$2.250\ 6\times10^{11}$	$8.143\ 3\times10^3$	$3.011\ 4\times10^2$	0.902 4

在图 5.6 中，只显示了迭代达到最优值时的步数，事实上，在全局最优值连续 50 步维持稳定之后，迭代才真正终止。由优化过程可以看出，采用 PSO 算法求解条件极值问题时的效率较高，当迭代到 40 步左右时，已经达到了全局最优解。在之后的几十步内，全局最优解维持稳定直至迭代终止。

由上述分析得到的结构响应的可能性分布为分析结构响应的模糊特性提供了直接依据。同时，模糊约束下结构响应的条件极值可综合考虑结构参数的模糊性质及优化目标的模糊性质，为模糊不确定性结构的分析设计、管理决策等提供了新的科学方法。

状态 2：设结构参数的不确定性由如下的可能性分布函数来描述

$$\begin{cases} F_E\ (x)\ = e^{-100\times(x-2.17)^2} \\ F_\rho\ (x)\ = e^{-8\times(x-8.489)^2} \\ F_\omega\ (x)\ = e^{-50\times(x-3.14)^2} \end{cases} \tag{5.4.1}$$

各参数的可能性分布曲线如图 5.7 所示。

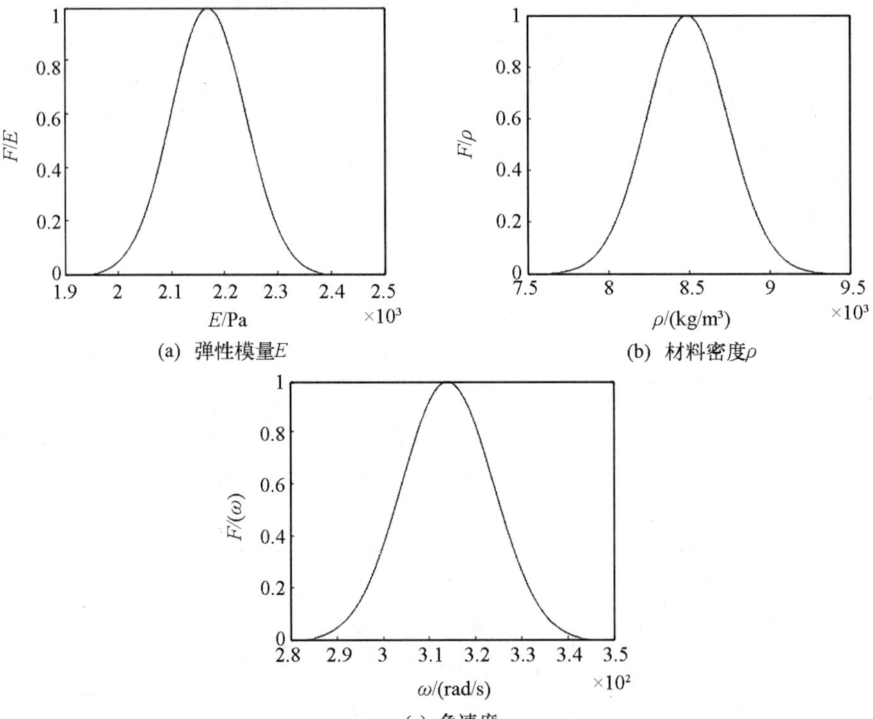

(a) 弹性模量E　(b) 材料密度ρ　(c) 角速度ω

图 5.7　叶片结构各参数的可能性分布

由若干截集水平下的最大应力响应区间合成得到的结构最大应力的可能性分布如图 5.8 所示，并标示了条件极大值和条件极小值的所在位置。

状态 3：结构参数的不确定性由模糊凸集来描述，将超长方体的内切和外接椭球之间的部分作为结构参数的模糊带，在参数不同的不确定度水平下，得到的结构最大应力的条件极值以及相应的可能度和结构参数如表 5.5 所列。表中用 Upper 代表条件极大值，用 Lower 代表条件极小值。

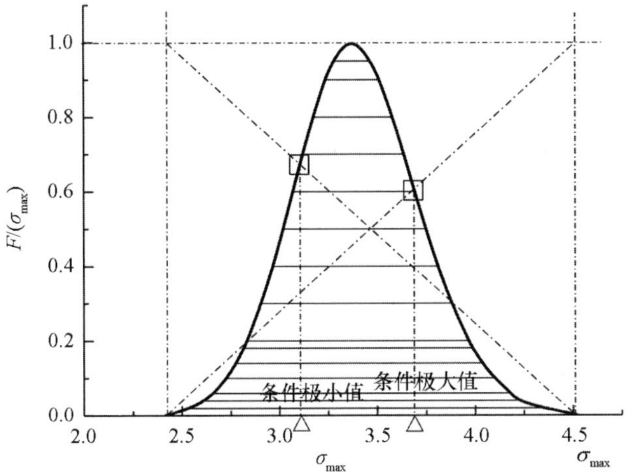

图 5.8　结构最大应力的可能性分布和条件极值

表 5.5　不同的不确定度水平下结构最大应力的条件极值和对应参数

β/%		σ_{max}/(Pa)	可能度	E/(Pa)	ρ/(kg/m^3)	ω/(rad/s)
1	Lower	3.2870×10^8	0.8347	2.1698×10^{11}	8.4524×10^3	3.1065×10^2
	Upper	3.4546×10^8	0.8304	2.1703×10^{11}	8.5310×10^3	3.1729×10^2
2	Lower	3.2054×10^8	0.8366	2.1711×10^{11}	8.4192×10^3	3.0726×10^2
	Upper	3.5401×10^8	0.8277	2.1696×10^{11}	8.5585×10^3	3.2081×10^2
3	Lower	3.1243×10^8	0.8393	2.1707×10^{11}	8.3723×10^3	3.0407×10^2
	Upper	3.6270×10^8	0.8251	2.1692×10^{11}	8.6351×10^3	3.2350×10^2
4	Lower	3.0451×10^8	0.8408	2.1649×10^{11}	8.3194×10^3	3.0104×10^2
	Upper	3.7161×10^8	0.8227	2.1672×10^{11}	8.6750×10^3	3.2687×10^2
5	Lower	2.9668×10^8	0.8428	2.1771×10^{11}	8.2604×10^3	2.9814×10^2
	Upper	3.8072×10^8	0.8205	2.1798×10^{11}	8.7207×10^3	3.3006×10^2
6	Lower	2.8937×10^8	0.8413	2.1495×10^{11}	8.2551×10^3	2.9447×10^2
	Upper	3.9014×10^8	0.8182	2.1764×10^{11}	8.7630×10^3	3.3350×10^2
7	Lower	2.8127×10^8	0.8458	2.1724×10^{11}	8.1742×10^3	2.9178×10^2
	Upper	3.9955×10^8	0.8157	2.1863×10^{11}	8.8111×10^3	3.3664×10^2

续表

β/%		σ_{max}/(Pa)	可能度	E/(Pa)	ρ/(kg/m^3)	ω/(rad/s)
8	Lower	2.7366×10^{8}	0.8473	2.1751×10^{11}	8.1763×10^{3}	2.8781×10^{2}
	Upper	4.0899×10^{8}	0.8117	2.1932×10^{11}	8.8442×10^{3}	3.4001×10^{2}
9	Lower	2.6609×10^{8}	0.8487	2.1740×10^{11}	8.1465×10^{3}	2.8437×10^{2}
	Upper	4.1905×10^{8}	0.8100	2.1841×10^{11}	8.8834×10^{3}	3.4367×10^{2}
10	Lower	2.5907×10^{8}	0.8472	2.2049×10^{11}	7.9627×10^{3}	2.8429×10^{2}
	Upper	4.2930×10^{8}	0.8075	2.1884×10^{11}	8.9940×10^{3}	3.4573×10^{2}

5.4.2 振动固有频率分析

5.4.2.1 算例1：数值算例

以图5.9所示的弹簧质量系统作为分析对象。

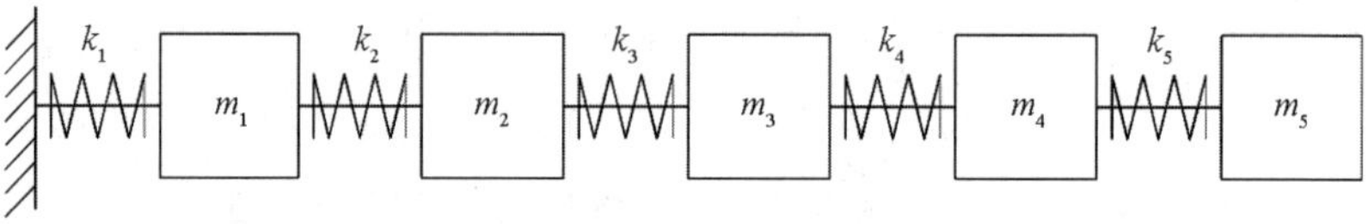

图5.9 弹簧质量系统

该系统的刚度和质量等物理参数是不确定参数，并具有模糊区间不确定性。它们的可能性分布为：$F_{k1}(x)=e^{-0.3\times(x-2005)^2}$，$F_{k2}(x)=e^{-0.075\times(x-1810)^2}$，$F_{k3}(x)=e^{-0.3\times(x-1605)^2}$，$F_{k4}(x)=e^{-0.3\times(x-1405)^2}$，$F_{k5}(x)=e^{-0.3\times(x-1205)^2}$，$F_{m_1}(x)=e^{-30\times(x-29.5)^2}$，$F_{m_2}(x)=e^{-7.5\times(x-27)^2}$，$F_{m_3}(x)=e^{-7.5\times(x-27)^2}$，$F_{m_4}(x)=e^{-7.5\times(x-25)^2}$，$F_{m_5}(x)=e^{-7.5\times(x-18)^2}$。

为了分析结构特征值的模糊性，对物理参数取若干割集，如表5.6所列。

众所周知，刚度矩阵和质量矩阵的元素是关于刚度和质量参数的函数。该弹簧质量系统的广义特征值方程为

表 5.6　物理参数的割集

刚度和质量参数		截集水平								
		0	0.05	0.1	0.2	0.3	0.5	0.7	0.9	1
k_1/（N/m）	Upper	2 010	2 008.16	2 007.77	2 007.32	2 007.00	2 006.52	2 006.09	2 005.59	2 005
	Lower	2 000	2 001.84	2 002.23	2 002.68	2 003.00	2 003.48	2 003.91	2 004.41	2 005
k_2/（N/m）	Upper	1 820	1 816.32	1 815.54	1 814.63	1 814.01	1 813.04	1 812.18	1 811.19	1 810
	Lower	1 800	1 803.68	1 804.46	1 805.37	1 805.99	1 806.96	1 807.82	1 808.81	1 810
k_3/（N/m）	Upper	1 610	1 608.16	1 607.77	1 607.32	1 607.00	1 606.52	1 606.09	1 605.59	1 605
	Lower	1 600	1 601.84	1 602.23	1 602.68	1 603.00	1 603.48	1 603.91	1 604.41	1 605
k_4/（N/m）	Upper	1 410	1 408.16	1 407.77	1 407.32	1 407.00	1 406.52	1 406.09	1 405.59	1 405
	Lower	1 400	1 401.84	1 402.23	1 402.68	1 403.00	1 403.48	1 403.91	1 404.41	1 405
k_5/（N/m）	Upper	1 210	1 208.16	1 207.77	1 207.32	1 207.00	1 206.52	1 206.09	1 205.59	1 205
	Lower	1 200	1 201.84	1 202.23	1 202.68	1 203.00	1 203.48	1 203.91	1 204.41	1 205
m_1/kg	Upper	30.0	29.816	29.777	29.732	29.700	29.652	29.609	29.559	29.5
	Lower	29.0	29.184	29.223	29.268	29.300	29.348	29.391	29.441	29.5
m_2/kg	Upper	28.0	27.632	27.554	27.463	27.401	27.304	27.218	27.119	27.0
	Lower	26.0	26.368	26.446	26.537	26.599	26.696	26.782	26.881	27.0
m_3/kg	Upper	28.0	27.632	27.554	27.463	27.401	27.304	27.218	27.119	27.0
	Lower	26.0	26.368	26.446	26.537	26.599	26.696	26.782	26.881	27.0
m_4/kg	Upper	26.0	25.632	25.554	25.463	25.401	25.304	25.218	25.119	25.0
	Lower	24.0	24.368	24.446	24.537	24.599	24.696	24.782	24.881	25.0
m_5/kg	Upper	19.0	18.632	18.554	18.463	18.401	18.304	18.218	18.119	18.0
	Lower	17.0	17.368	17.446	17.537	17.599	17.696	17.782	17.881	18.0

$$\begin{bmatrix} k_1+k_2 & -k_2 & & & \\ -k_2 & k_2+k_3 & -k_3 & & \\ & -k_3 & k_3+k_4 & -k_4 & \\ & & -k_4 & k_4+k_5 & -k_5 \\ & & & -k_5 & k_5 \end{bmatrix}\begin{bmatrix} x_1 \\ x_2 \\ x_3 \\ x_4 \\ x_5 \end{bmatrix} = \lambda \begin{bmatrix} m_1 & & & & \\ & m_2 & & & \\ & & m_3 & & \\ & & & m_4 & \\ & & & & m_5 \end{bmatrix}\begin{bmatrix} x_1 \\ x_2 \\ x_3 \\ x_4 \\ x_5 \end{bmatrix} \tag{5.4.2}$$

特征值方程可以简写为

$$\boldsymbol{K}\boldsymbol{X} = \lambda \boldsymbol{M}\boldsymbol{X} \tag{5.4.3}$$

其中，$\boldsymbol{K}$ 是刚度矩阵，$\boldsymbol{M}$ 是质量矩阵，$\boldsymbol{X}$ 是特征向量，λ 是结构特征值。

根据图 5.1 所示的方法分析该系统的模糊特性，为了保证精度，采用 Monte Carlo 方法计算各阶特征值的上下限。表 5.7 列出了不同水平截集下结构特征值的区间或边界。

表 5.7　不同截集水平下的结构特征值边界

特征值阶数		截集水平								
		0	0.05	0.1	0.2	0.3	0.5	0.7	0.9	1
1	Upper	6.416 5	6.310 9	6.287 1	6.263 1	6.245 3	6.220 4	6.196 0	6.170 1	6.137 8
	Lower	5.882 4	5.974 6	5.992 0	6.014 5	6.032 7	6.057 5	6.079 7	6.106 6	6.137 8
2	Upper	45.903 6	45.210 2	45.074 2	44.906 7	44.796 7	44.621 5	44.468 6	44.296 5	44.093 1
	Lower	42.442 0	43.025 0	43.160 3	43.314 0	43.412 5	43.581 8	43.717 9	43.886 5	44.093 1
3	Upper	107.660 3	106.210 8	105.934 5	105.554 1	105.306 5	104.960 4	104.616 2	104.243 0	103.806 4
	Lower	100.201 5	101.560 7	101.789 4	102.096 4	102.343 8	102.675 5	102.996 7	103.368 9	103.806 4
4	Upper	172.104 9	169.742 8	169.162 0	168.565 1	168.169 8	167.612 6	167.038 6	166.441 4	165.711 0
	Lower	159.954 1	161.989 9	162.460 5	162.966 1	163.322 0	163.882 3	164.410 5	164.985 8	165.711 0
5	Upper	226.689 2	223.754 0	223.157 9	222.384 6	221.963 5	221.174 0	220.537 9	219.790 7	218.881 1
	Lower	211.560 2	214.214 9	214.811 2	215.447 7	215.850 0	216.638 8	217.225 3	217.990 1	218.881 1

基于表 5.7 的特征值区间，根据分解定理和式（5.3.7），可得到结构特征值的可能性或模糊分布。第 1 至 5 阶特征值的可能性分布如图 5.10 所示，图中同时表示出了各阶特征值的条件极大值（CMAV）和条件极小值（CMIV），其具体数值列于表 5.8。

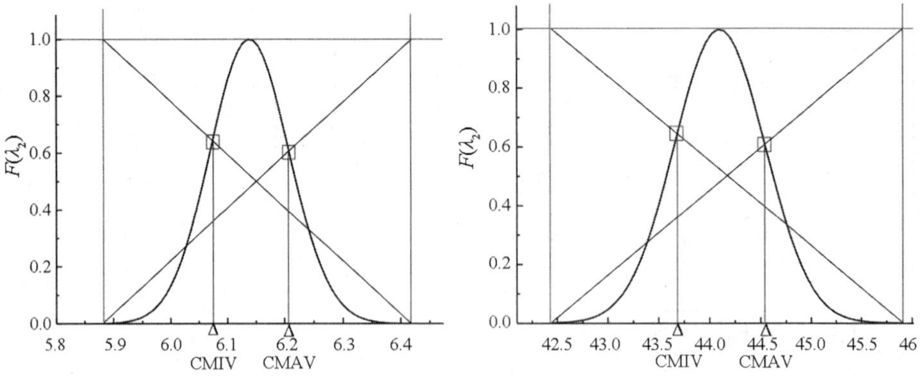

(a) 第1阶　　(b) 第2阶

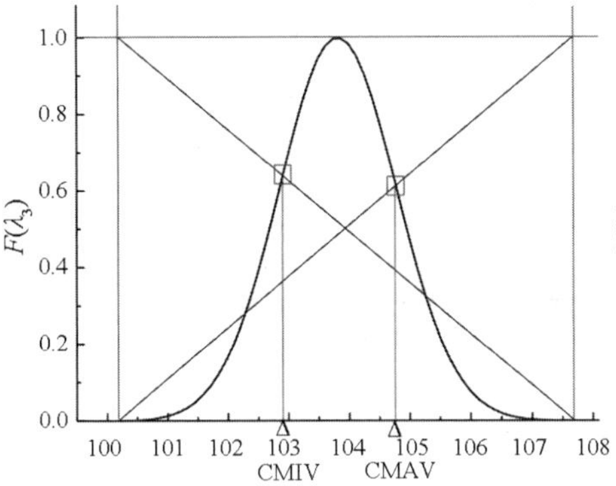

(c) 第3阶

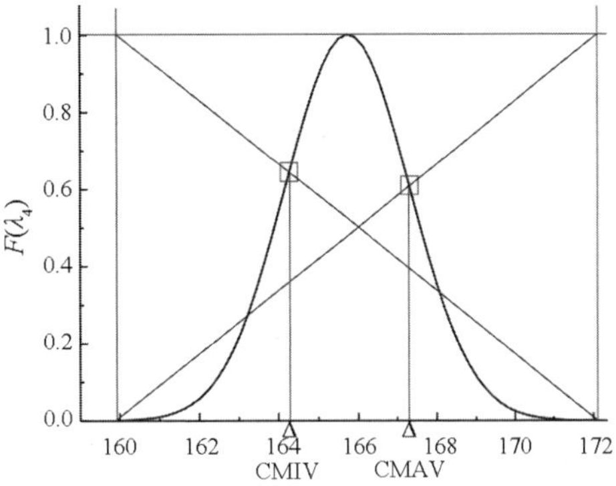

(d) 第4阶

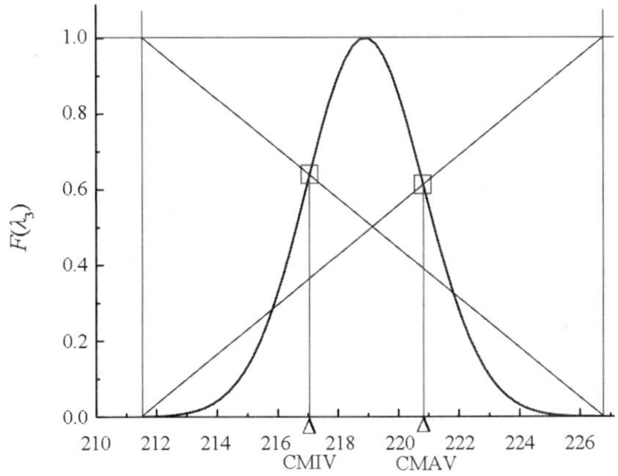

(e) 第5阶

图 5.10　模糊约束下 1 ~ 5 阶结构特征值的可能性分布和条件极值

表 5.8　结构特征值的条件极值

阶数	1	2	3	4	5
条件极小值	6.074 3	43.679 7	102.903 7	164.285 8	217.046 3
条件极大值	6.206 9	44.536 4	104.754 1	167.294 7	220.831 3

根据区间矩阵摄动法和区间参数摄动法得到的区间特征值分别如表 5.9 和表5.10所列。

表 5.9　基于区间矩阵摄动法的弹簧质量系统的区间特征值

阶数	1	2	3	4	5
区间下限	4.812 8	41.653	99.744	160.15	211.50
区间上限	7.462 8	46.533	107.88	171.27	226.26

表 5.10　基于区间参数摄动法的弹簧质量系统的区间特征值

阶数	1	2	3	4	5
区间下限	5.326 3	41.821	99.994	160.61	211.86
区间上限	6.949 3	46.365	107.63	170.81	225.90

0 截集水平下的区间物理参数与邱志平[3]所用区间参数相同，应用区间矩阵摄动法和区间参数摄动法计算结构特征值上下限，这两种方法均属于低阶摄动法，仅在参数不确定性程度较小，即刚度和质量矩阵的扰动量很小时，这些方法才有效，另外，区间矩阵摄动法还忽略了区间参数之间的相关性，其精度有一定局限。相较而言，Monte Carlo 方法更精确，表 5.7 中的结果更接近真值，为获取结构特征值的模糊分布奠定了良好基础。将条件极值和 0 截集水平下的区间特征值进行比较发现，如果忽略物理参数的模糊性质，采用截集水平下的区间变量，得到的特征值范围过宽，分析结果将失去实际参考价值。通过本例也验证了前述分析结构特征值模糊分布和条件极值的方法和程序是正确可行的。

5.4.2.2　算例 2：工程算例

以上述的燃气涡轮叶片为研究对象，叶片各参数的名义值保持不变。设结构参数为模糊参数，分析叶片在有转速和预应力条件下第 1 ~5 阶固有频率的模糊特性和条件极值。分 3 种情形进行讨论：

情形 1：参数的不确定性模型为模糊区间，即假定不能确定结构参数确切的区间界限，且各参数在 4% ~5% 不确定度之间存在一个模糊带。结构第 1、2 阶固有频率的条件极大值和条件极小值的优化过程如图 5.11 所示，其他阶略。图中，*ps* 为种群数目，*w* 为惯性因子，*gbest* 为全局最值。

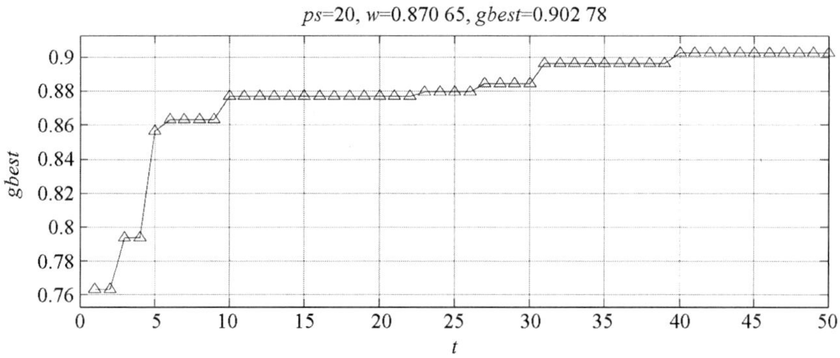

(a) 第1阶条件极大值

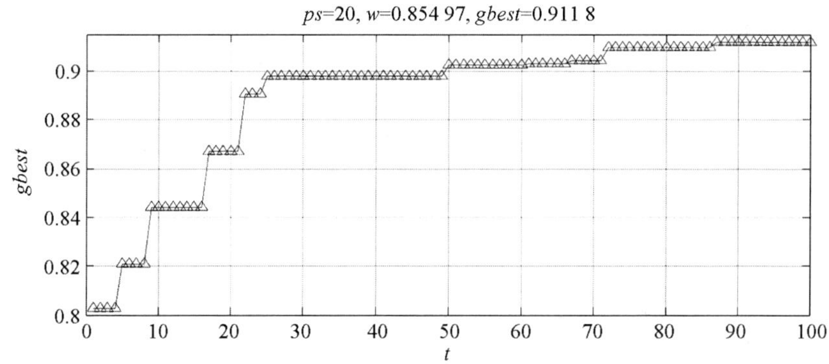

(b) 第1阶条件极小值

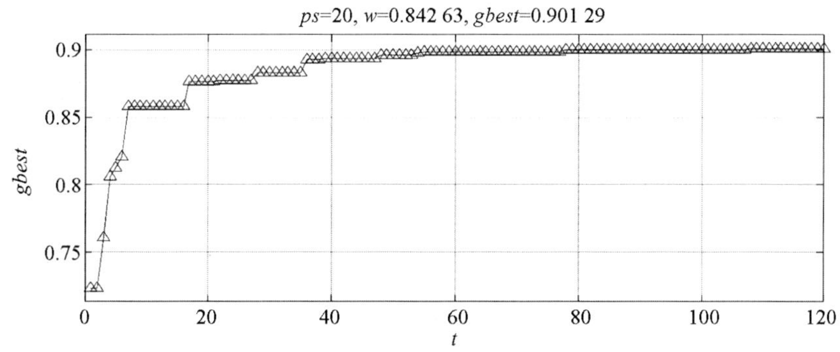

(c) 第2阶条件极大值

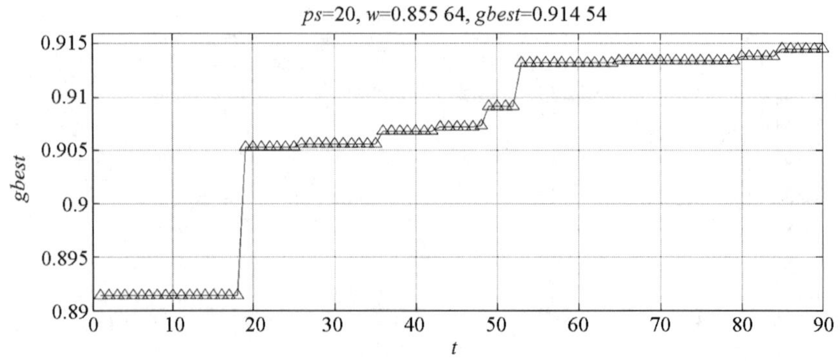

(d) 第2阶条件极小值

图 5.11　第 1、2 阶固有频率条件极值的优化过程

第 1 ~ 5 阶固有频率的条件极值和对应参数如表 5.11 所列。

表 5.11　结构固有频率的条件极值和对应参数

阶数		固有频率	可能度	$E/$（Pa）	$\rho/$（kg/m^3）	$\omega/$（rad/s）
1	Lower	50.71	0.911 8	$2.081\ 4\times10^{11}$	$8.835\ 6\times10^{3}$	$3.015\ 1\times10^{2}$
	Upper	54.98	0.902 8	$2.256\ 1\times10^{11}$	$8.144\ 4\times10^{3}$	$3.266\ 7\times10^{2}$
2	Lower	118.14	0.914 5	$2.081\ 5\times10^{11}$	$8.835\ 7\times10^{3}$	$3.020\ 0\times10^{2}$
	Upper	128.21	0.901 3	$2.258\ 9\times10^{11}$	$8.141\ 3\times10^{3}$	$3.258\ 9\times10^{2}$
3	Lower	165.80	0.910 8	$2.081\ 2\times10^{11}$	$8.835\ 3\times10^{3}$	$3.080\ 4\times10^{2}$
	Upper	179.83	0.904 5	$2.258\ 8\times10^{11}$	$8.141\ 7\times10^{3}$	$3.264\ 1\times10^{2}$
4	Lower	236.99	0.912 4	$2.081\ 3\times10^{11}$	$8.835\ 4\times10^{3}$	$3.095\ 1\times10^{2}$
	Upper	256.91	0.906 4	$2.258\ 8\times10^{11}$	$8.143\ 3\times10^{3}$	$3.265\ 2\times10^{2}$
5	Lower	452.80	0.908 7	$2.081\ 3\times10^{11}$	$8.835\ 9\times10^{3}$	$3.018\ 1\times10^{2}$
	Upper	491.22	0.903 5	$2.258\ 7\times10^{11}$	$8.141\ 9\times10^{2}$	$3.111\ 2\times10^{2}$

情形 2：结构各参数由如下的可能性分布函数来决定

$$\begin{cases} F_E\ (x) = e^{-350\times(x-2.17)^2} \\ F_\rho\ (x) = e^{-24\times(x-8.489)^2} \\ F_\omega\ (x) = e^{-150\times(x-3.14)^2} \end{cases} \tag{5.4.2}$$

第 1 ~5 阶固有频率的可能性分布和条件极值如图 5.12 所示。

情形 3：结构参数的不确定性用模糊凸集来描述，考虑超椭球凸集模型具有模糊界限的情形，将参数 3% 不确定度水平下的超椭球模型和 5% 不确定度水平下的超椭球模型之间的部分作为结构参数的模糊带，则经 PSO 优化得到的第 1 ~5 阶固有频率的条件极值及其对应的结构参数如表 5.12 所列。

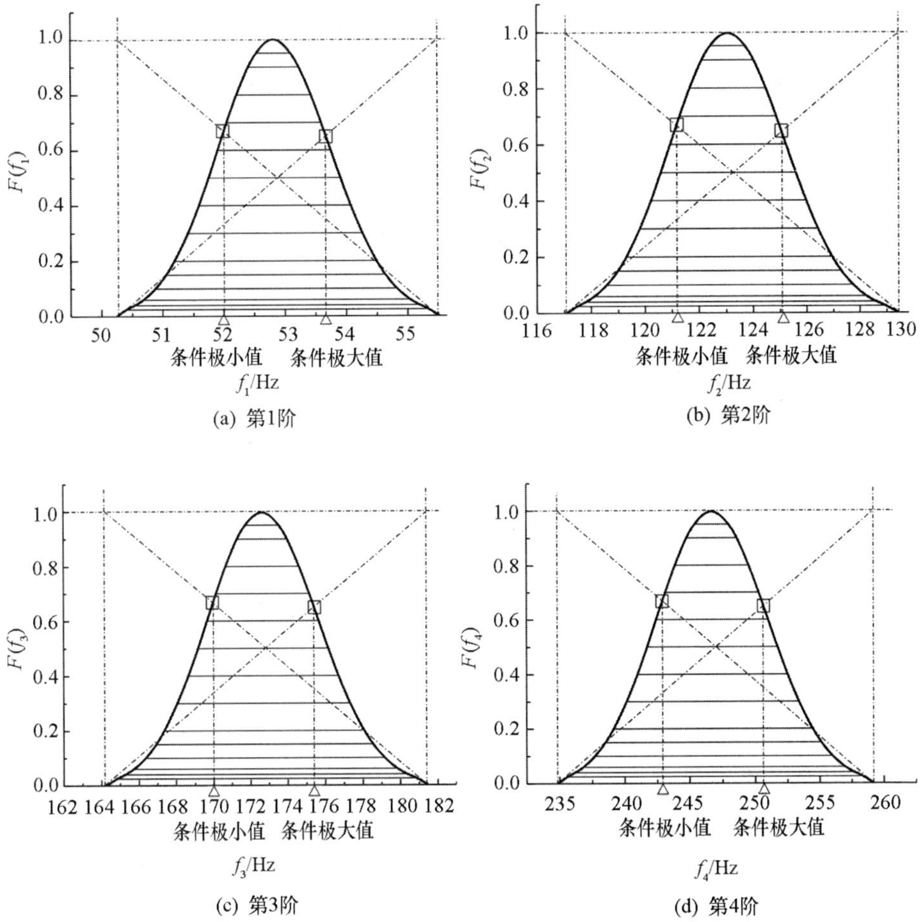

(a) 第1阶

(b) 第2阶

(c) 第3阶

(d) 第4阶

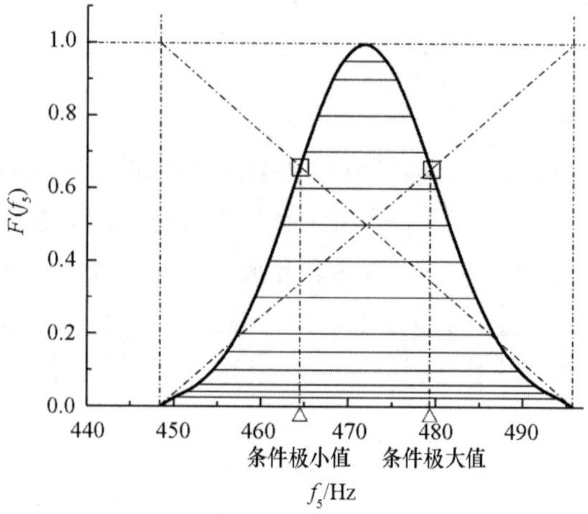

(e) 第5阶

图 5.12　第 1 ~ 5 阶固有频率的可能性分布和条件极值

表 5.12　模糊凸集约束下结构特征值的条件极值和相应参数

阶数		频率 f/（Hz）	可能度	E/（Pa）	ρ/（kg/m^3）	ω/（rad/s）
1	Lower	51. 698 0	0. 842 8	2.1167×10^{11}	8.6812×10^{3}	3.1240×10^{2}
	Upper	53. 958 9	0. 830 5	2.2232×10^{11}	8.2890×10^{3}	3.1429×10^{2}
2	Lower	120. 209 5	0. 842 8	2.1176×10^{11}	8.6906×10^{3}	3.1375×10^{2}
	Upper	125. 972 3	0. 833 4	2.2158×10^{11}	8.2641×10^{3}	3.1534×10^{2}
3	Lower	168. 625 8	0. 842 6	2.1142×10^{11}	8.6759×10^{3}	3.1477×10^{2}
	Upper	176. 711 7	0. 830 4	2.2225×10^{11}	8.2907×10^{3}	3.1396×10^{2}
4	Lower	241. 027 4	0. 840 4	2.1099×10^{11}	8.6545×10^{3}	3.1369×10^{2}
	Upper	252. 483 1	0. 828 6	2.2098×10^{11}	8.2435×10^{3}	3.1444×10^{2}
5	Lower	460. 857 7	0. 840 3	2.1224×10^{11}	8.7081×10^{3}	3.1336×10^{2}
	Upper	483. 188 0	0. 833 1	2.2174×10^{11}	8.2666×10^{3}	3.1342×10^{2}

第 6 章　含裂纹燃气涡轮叶片结构非概率可靠性分析

涡轮叶片是燃气轮机的核心部件，也是易损部件，其在恶劣的工作环境中，在高温条件下，要承受巨大的交变应力，是舰用燃气轮机装置中失效最频繁的工作部件。叶片的主要失效模式之一为裂纹扩展而引起的疲劳断裂失效。本章根据燃气轮机的典型起动运行工况制定了载荷谱，经瞬态热弹塑性有限元分析确定了叶片失效的危险部位，据此建立了含裂纹叶片实体模型。再根据瞬态热弹塑性分析结果和 J 积分强度判据，对含裂纹叶片进行了非概率可靠性分析，从而为非完善结构的可靠性分析提供了新的理论方法。

6.1　J 积分强度判据

J 积分是弹塑性断裂力学的核心。Rice 提出用 J 积分计算来综合度量裂纹尖端应力 - 应变场的强度。对于二维问题，J 积分的定义为

$$J = \int_{\Gamma}\left(W\mathrm{d}x_2 - T_i \frac{\partial u_i}{\partial x_1}\mathrm{d}s\right),\ i = 1,2 \tag{6.1.1}$$

式中：Γ 为围绕裂纹尖端的一条任意反时针回路，起端始于裂纹下表面，末端终于裂纹的上表面；W 为回路 Γ 上任一点（x_1，x_2）的应变能密度，$W = \int\sigma_{ij}\mathrm{d}\varepsilon_{ij}$；$T_i$ 为回路 Γ 上任一点(x_1，x_2) 处的应力分量；u_i为回路 Γ 上任一点（x_1，x_2）处的位移分量；ds 为回路 Γ 上的弧元。

Rice 经过推导，严格证明了 J 积分数值是一个与积分路径无关的常数，

即具有守恒性，能够反映裂纹尖端的某种力学特性或应力－应变场强度，并可以通过应力－应变场较易求解的围道来得到 J 积分值。

根据裂纹扩展的临界条件，可以建立如下的 J 积分判据

$$J = J_c \tag{6.1.2}$$

式中，J_c 为 J 积分的临界值，可由实验确定。由于在裂纹失稳点确定 J_c 受材料尺寸影响大，而在裂纹开裂点确定 J_c，数据比较稳定，因此，J 积分判据一般作为裂纹开裂的条件。

6.2 载荷谱的制定

根据燃气轮机正常准备工作程序制定了典型启动运行工况载荷谱，从点火时刻开始计时，90 s 时达到慢车工况，暖机 10 min 后继续升工况，经过 90 s加速至 0.6 倍额定工况，到 780 s 时启动结束并保持工况继续运行。考虑材料热响应时间延迟，整个计算时间取 1 380 s。本节燃气涡轮典型启动运行工况载荷谱见表 6.1 及图 6.1。为表述简便将典型启动运行工况简称为典型工况。

表 6.1　燃气涡轮典型工况载荷谱

起动时刻/s	燃气平均温度/K	燃气压力/MPa	涡轮转速/（rad/s）
0（点火时刻）	293	0	0
90（慢车）	593	0.16	94
690（暖机结束）	593	0.16	94
780（起动完成）	893	0.22	280

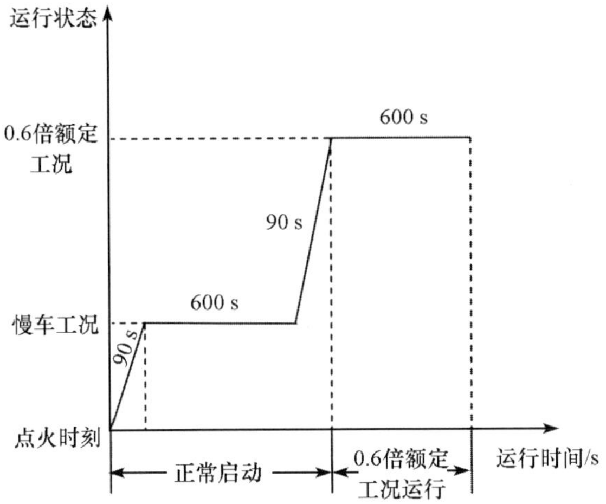

图 6.1　典型工况载荷谱

6.3　涡轮叶片瞬态热弹塑性分析

叶片材料为 K435 合金，热弹塑性分析所需要的材料性能参数如表 6.2 和表 6.3 所列。

表 6.2　叶片材料物理 – 力学性能参数

温度/℃	弹性模量/GPa	泊松比	线胀系数/ (10^{-6}/℃)	比热容/ [J/ (kg · ℃)]	导热系数/ [W/ (m · ℃)]
25	214.7	0.33		398	8.13
100	211	0.34	12.4	418	9.53
200	206	0.34	12.7	444	11.4
300	201	0.34	12.9	470	13.4
400	195	0.34	13.1	496	15.3
500	188	0.34	13.5	522	17.2
600	181	0.35	13.8	544	19.0
700	173	0.35	14.2	574	20.8

表 6.3 叶片材料随动强化数据

500 ℃		600 ℃		700 ℃	
总应变	应力/MPa	总应变	应力/MPa	总应变	应力/MPa
0.003 78	711	0.003 61	653	0.003 57	617
0.004 71	780	0.004 13	700	0.004 29	680
0.005 83	860	0.004 97	780	0.005 23	760
0.006 56	900	0.006 11	850	0.005 74	800
0.007 06	920	0.007 12	900	0.006 56	850

叶片瞬态热分析共分为 5 个载荷步，自动步长打开，1 s、90 s、690 s、780 s、1380 s 分别为第 1 ~5 个载荷步的结束时刻。热分析时，在叶盆面、叶背面和叶身台面加载各时刻的燃气平均温度。涡轮叶片的有限元模型如图 6.2 所示。780 s 起动结束时刻的叶片温度分布如图 6.3 所示。

图 6.2 涡轮叶片有限元模型

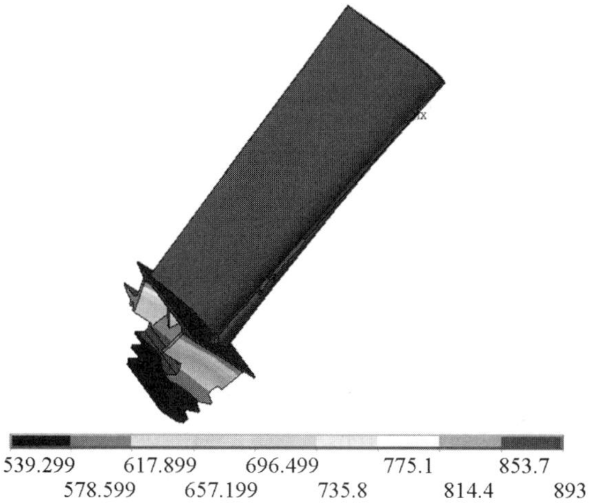

图 6.3　起动结束时刻的叶片温度分布

在弹塑性分析中，将热分析结果作为温度载荷，载荷步与热分析载荷步保持一致，并加载涡轮转速、燃气压力和位移边界条件，对涡轮叶片进行弹塑性有限元分析。780 s 起动结束时刻的叶片等效应力场分布如图 6.4 所示。叶身根部 A 点的应力随时间的变化曲线如图 6.5 所示。

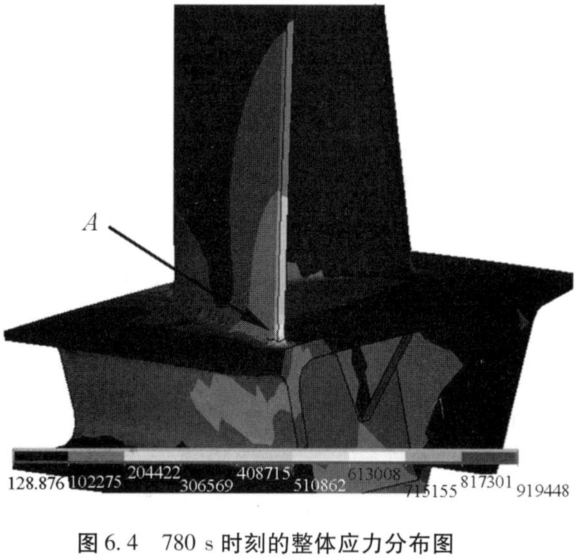

图 6.4　780 s 时刻的整体应力分布图

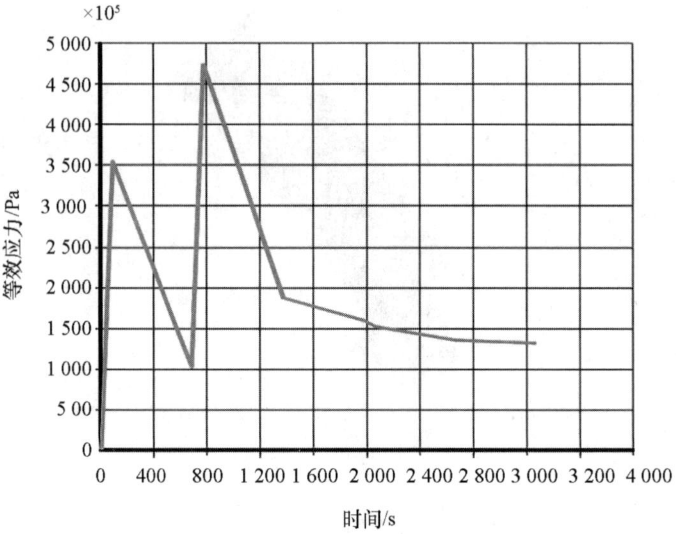

图 6.5 A 点应力随时间变化曲线

由图 6.4 可知，叶片最大应力发生在叶身根部出气侧，由于倒角的影响，最大应力点距离叶根平台 3 ~ 7 mm。由图 6.5 可以看出，最大应力出现的时刻是起动结束时刻（780 s）。理论分析和实践经验表明，燃气涡轮叶片叶身根部是引起叶片失效的主要部位之一，其失效模式通常为弹塑性疲劳裂纹扩展而造成的疲劳断裂失效。

6.4 结构非概率可靠性分析

根据 6.3 节的分析，叶片根部出气侧是容易萌生疲劳裂纹的危险部位，因此，本节在该部位预制一定尺寸的裂纹模型，分析含裂纹叶片在典型工况下的瞬态应力应变场和 J 积分，并给出非概率可靠性的度量。

在叶片叶跟出气侧距离台面 5 mm 处建立 6 mm 深的裂纹模型，该结构在 780 s 时的等效应力分布如图 6.6 所示。

在计算 J 积分时，由于裂纹侧面与全局坐标系任一坐标轴都不平行，因而需要在裂纹部位叶片侧边处建立局部坐标系，局部坐标系的原点在全局坐

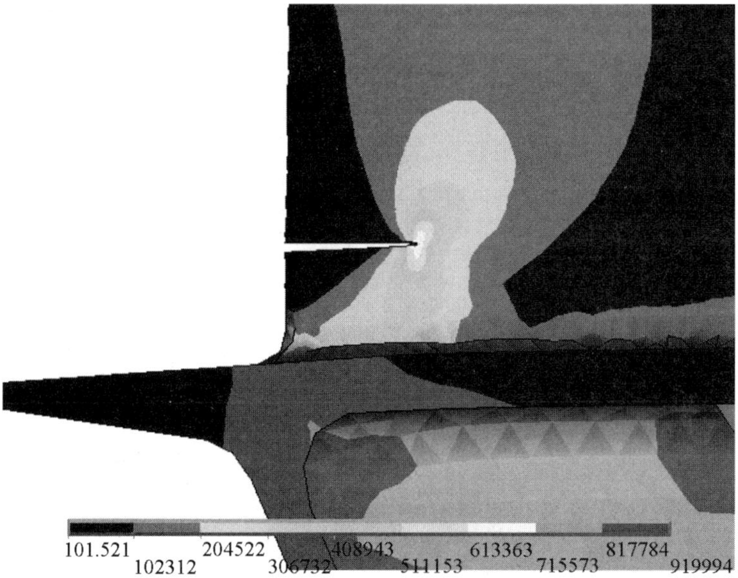

图 6.6　含裂纹叶片在正常启动 780 s 时的应力分布图

标系中的坐标为（-40.332 5，31.061，609.05），并绕全局坐标系 z 轴旋转 0.366 5 rad 而得到局部坐标系。

积分路径示意图如图 6.7 所示，其中确定积分路径的 6 个点在局部坐标系中的坐标分别为（3，0，-0.05）、（3，0，-3.55）、（9，0，-3.55）、（9，0，3.55）、（3，0，3.55）、（3，0，0.05）。J 积分计算过程在局部坐标系内完成，因此下面所用到的坐标均指局部坐标系下的坐标值。

为了与所采用的坐标系相适应，将式（6.1.1）改写为

$$J = \int_{\Gamma} W \mathrm{d}z - \int_{\Gamma} \left(T_x \frac{\partial u_x}{\partial x} + T_z \frac{\partial u_z}{\partial x} \right) \mathrm{d}s \tag{6.4.1}$$

式中，各变量与符号的含义请参考式（6.1.1）的说明。

为了计算式（6.4.1）中位移的偏导数，将积分路径向 x 轴正负方向分别移动 $\Delta x/2$，并求出路径 $\Gamma + \Delta x/2$ 上各点的位移 u_{x1} 和 u_{z1} 及路径 $\Gamma - \Delta x/2$ 上各点的位移 u_{x2} 和 u_{z2}，则

$$\begin{cases} \partial u_x / \partial x = (u_{x2} - u_{x1}) / \Delta x \\ \partial u_z / \partial z = (u_{z2} - u_{z1}) / \Delta x \end{cases} \tag{6.4.2}$$

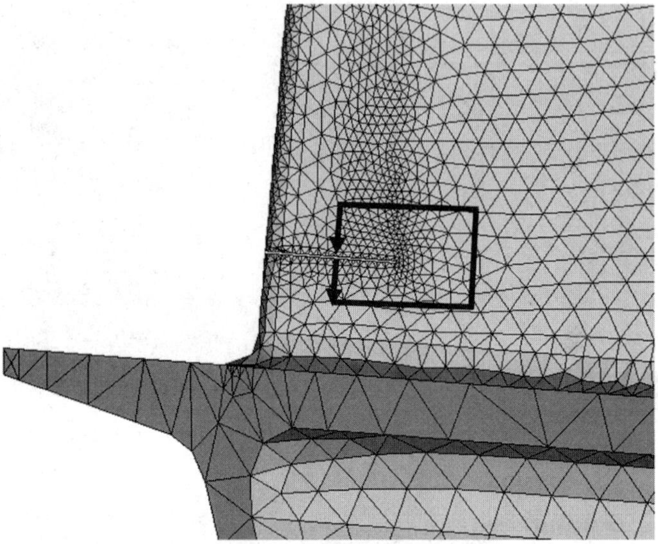

图 6.7　J 积分计算路径

应变能密度 W 的表达式为

$$W = \int \sigma_x \mathrm{d}\varepsilon_x + \sigma_z \mathrm{d}\varepsilon_z + \tau_{xz}\mathrm{d}\gamma_{xz} \tag{6.4.3}$$

积分回路 Γ 上任一点（x，z）处的应力分量为

$$\begin{cases} T_x = \sigma_x n_x + \sigma_{xz} n_z \\ T_z = \sigma_z n_z + \sigma_{xz} n_x \end{cases} \tag{6.4.4}$$

式中，n_x、n_z分别为积分路径外法向向量 $\boldsymbol{n}$ 的分量。

有限元分析软件 ANSYS 具有强大的后处理功能，利用此功能，可以通过 ANSYS 通用后处理器 POST1 中的单元列表功能，把各变量映射到自定义的路径中去，路径操作中提供了积分运算，被映射到路径上的变量经过运算，并沿路径进行积分即可得到一种模型在特定工况下的 J 积分值。

含裂纹叶片模型的 J 积分计算宏文件如下：

```
*creat,jin,mac
local,11,0,-40.3325,31.061,609.05,0.3665,0,0
PATH,jflujing,6,30,20,
PPATH,1,0,-37.5317,29.9859,609,11,
PPATH,2,0,-37.5317,29.9859,605.5,11,
PPATH,3,0,-31.9302,27.8358,605.5,11,
PPATH,4,0,-31.9302,27.8358,612.6,11,
PPATH,5,0,-37.5317,29.9859,612.6,11,
PPATH,6,0,-37.5317,29.9859,609.1,11,
etable,volu,volu,
etable,sene,sene,
sexp,w,sene,volu,1,-1
pdef,w,etab,w
pcalc,intg,j,w,zg
*get,ja,path,,last,j
pdef,clear
pvect,norm,nx,ny,nz
pdef,intr,sx,sx
pdef,intr,sz,sz
pdef,intr,sxz,sxz
pcalc,mult,tx,sx,nx
pcalc,mult,c1,sxz,nz
pcalc,add,tx,tx,c1
pcalc,mult,tz,sxz,nx
pcalc,mult,c1,sz,nz
pcalc,add,tz,tz,c1
*get,dx,path,,last,s
dx=dx/100
pcalc,add,xg,xg,,,,-dx/2
pdef,intr,ux1,ux
pdef,intr,uz1,uz
pcalc,add,xg,xg,,,,dx
pdef,intr,ux2,ux
pdef,intr,uz2,uz
pcalc,add,xg,xg,,,,-dx/2
c=(1/dx)
pcalc,add,c1,ux2,ux1,c,-c
pcalc,add,c2,uz2,uz1,c,-c
pcalc,mult,c1,tx,c1
pcalc,mult,c2,tz,c2
pcalc,add,c1,c1,c2
pcalc,intg,j,c1,s
*get,jb,path,,last,j
jint=12*(ja-jb)
pdef,clear
    *end
```

本书选取对叶片最大应力影响最为显著的 4 个变量作为讨论对象，即燃气最高平均温度、线胀系数、涡轮最大转速、材料密度。将这 4 个变量分别记为 X_1、X_2、X_3、X_4，并用模糊凸集模型来描述这些变量的不确定性，即

$$\tilde{U}_{X_1}(\tilde{\theta}_1, \phi_1, \bar{x}_1) = \{x \mid |x-893| \leqslant 53.58\tilde{\theta}_1\} \tag{6.4.5}$$

$$\tilde{U}_{X_2}(\tilde{\theta}_2, \phi_2, \bar{x}_2) = \{x \mid |x-13.8| \leqslant 0.414\tilde{\theta}_2\} \tag{6.4.6}$$

$$\tilde{U}_{X_3}(\tilde{\theta}_3, \phi_3, \bar{x}_3) = \{x \mid |x-280| \leqslant 16.8\tilde{\theta}_3\} \tag{6.4.7}$$

$$\tilde{U}_{X_4}(\tilde{\theta}_4, \phi_4, \bar{x}_4) = \{x \mid |x-8\,239| \leqslant 247.17\tilde{\theta}_4\} \tag{6.4.8}$$

$\tilde{\theta}_1 \sim \tilde{\theta}_4$ 均为半梯形偏小型分布，在区间［1，5/3］内，其可能性分布函数值均由 1 线性降低到 0。

根据相关的分析[141]，叶片最大应力随 X_1、X_2、X_3、X_4 呈单调变化，因此可以采用组合法分析 J 积分响应的模糊特性。对模糊区间参数取 3 个截集水平 0、0.5 和 1，得到相应的 3 组区间参数，并通过组合法得到 J 积分的响应区间，如表 6.4 所列。

表 6.4　不同截集水平下的参数区间

截集水平	0	0.5	1
燃气最高平均温度 X_1/K	[803.7,982.3]	[821.56,964.44]	[839.42,946.58]
线胀系数 X_2 (20～600℃)/(10^{-6}/℃)	[13.11,14.49]	[13.25,14.35]	[13.39,14.21]
涡轮最大转速 X_3/(rad/s)	[252,308]	[257.6,302.4]	[263.2,296.8]
密度 X_4/(kg/m^3)	[7 827.05,8 650.95]	[790 9.44,856 8.56]	[7 991.83,8 486.17]
J 积分/(Pa·m)	[22 374.3,63 483.8]	[246 83.3,589 58.0]	[273 27.8,53 936.5]

根据 J 积分强度判据建立极限状态方程

$$M = J_c - J = 0 \tag{6.4.9}$$

式中，J_c 为 J 积分临界值，其不确定性用如下的模糊区间模型来刻画

$$\tilde{U}_{J_c}(\tilde{\theta}_{J_c},\ \phi_{J_c},\ \bar{J}_c) = \{J_c \mid |J_c - 59\ 511| \leqslant 13\ 00\,\tilde{\theta}_{J_c}\} \tag{6.4.10}$$

式中，$\tilde{\theta}_{J_c}$为半梯形偏小型分布，在区间［1，1.3］内，其可能性分布函数值由 1 线性降低到 0。

采用 5 个节点的 Gauss-Legendre 求积公式，由求积节点[132]和关系式 $\lambda = (1+t)/2$，可得到 5 个对应的截集水平：$\lambda_1 = 0.953\ 089\ 922\ 95$；$\lambda_2 = 0.046\ 910\ 077\ 05$；$\lambda_3 = 0.769\ 234\ 655\ 05$；$\lambda_4 = 0.230\ 765\ 344\ 95$；$\lambda_5 = 0.5$。

相应的求积系数 A_i 为：$A_1 = A_2 = 0.2369268851$；$A_3 = A_4 = 0.4786286705$；$A_5 = 0.5688888889$。

各个截集水平下的非概率可靠性综合指标为：$\kappa(\lambda_1) = 0.9020$；$\kappa(\lambda_2) = 1.1967$；$\kappa(\lambda_3) = 0.9496$；$\kappa(\lambda_4) = 1.0989$；$\kappa(\lambda_5) = 0.9976$。

根据 Gauss-Legendre 求积公式，结构总体非概率可靠性综合指标为

$$R' \approx \frac{1}{2}\sum_{i=1}^{5} A_i \kappa(\lambda_i) = 1.022\ 6 \tag{6.4.11}$$

本章对含裂纹叶片结构进行了非概率可靠性分析，分析过程和结果有如下几点意义：

（1）将非概率可靠性理论用于非完善结构的可靠性安全性评定问题，拓展了非概率可靠性理论的应用范围，并为非完善结构的可靠性安全性分析提供了新的方法体系；

（2）基于 ANSYS 的 J 积分计算方法为弹塑性裂纹结构的强度分析及可靠度计算提供了行之有效的数值计算途径；

（3）书中方法不仅可以对既有裂纹结构进行可靠性评定，且通过对含不同尺寸裂纹的结构进行可靠性分析，可进一步确定疲劳裂纹的临界尺寸，从而可由疲劳裂纹扩展理论来分析结构的疲劳剩余寿命。

参考文献

[1] 王光远. 论不确定性结构力学的发展[J]. 力学进展,2002,32(2):205-211.

[2] Guo J, Du X. Sensitivity analysis with mixture of epistemic and aleatory uncertainties [J]. AIAA Journal,2007,45(9):2337-2349.

[3] 邱志平. 非概率集合理论凸方法及其应用[M]. 北京:国防工业出版社,2005.

[4] Ben-Haim Y,Elishakoff I. Convex models of uncertainty in applied mechanics [M]. Amsterdam:Elsevier Science Publishers,1990.

[5] Ben-Haim Y. A non-probabilistic concept of reliability [J]. Structural Safety,1994,14(4):227-245.

[6] Elishakoff I. Essay on uncertainties in elastic and viscoelastic structures: from A. M. Freudenthal's criticisms to modern convex modeling [J]. Computers & Structures,1995,56(6):871-895.

[7] Elishakoff I. Possible limitations of probabilistic methods in engineering[J]. Applied Mechanics Reviews,2000,53(2):19-36.

[8] 吕震宙,冯蕴雯. 结构可靠性问题研究的若干进展[J]. 力学进展,2000,30(1):21-28.

[9] Sexsmith R G. Probability-based safety analysis-value and drawbacks [J]. Structural Safety,1999,21(4):303-314.

[10] 郭书祥. 非随机不确定结构的可靠性方法和优化设计研究[D]. 西安:西北工业大学,2002.

[11] Ben-Haim Y. A non-probabilistic measure of reliability of linear systems based on expansion of convex models [J]. Structural Safety,1995,17(2):

91 - 109.

[12] Ben-Haim Y. Robust reliability in the mechanical sciences [M]. Berlin: Springer-Verlag,1996.

[13] Ben-Haim Y. Sequential tests based on convex models of uncertainty [J]. Mechanical Systems and Signal Processing,1998,12(3):427 - 448.

[14] Ben-Haim Y,Genda C,Soong T. Maximum structural response using convex models [J]. Journal of Engineering Mechanics,1996,122(4):325 - 333.

[15] Ben-Haim Y, Elishakoff I. Non-probabilistic models of uncertainty in the nonlinear bucking of shells with general imperfections: theoretical estimates of the knockdown factor [J]. Journal of Applied Mechnics, 1989, 56: 403 - 410.

[16] Ben-Haim Y. Fatigue lifetime with load uncertainty represented by convex model [J]. Journal of Engineering Mechanics,1994,120(3):445 - 462.

[17] Ben-Haim Y. Uncertainty, probability and information-gaps [J]. Reliability Engineering and System Safety,2004,85:249 - 266.

[18] Ben-Haim Y,Laufer A. Robust reliability of projects with activity-duration uncertainty [J]. ASCE Journal of Construction Engineering and Management,1998,124:125 - 132.

[19] Elishakoff I. Discussion on: a non-probabilistic concept of reliability [J]. Structural Safety,1995,17(3):195 - 199.

[20] 李永华,黄洪钟,刘忠贺. 结构稳健可靠性分析的凸集模型[J]. 应用基础与工程科学学报,2004,12(4):383 - 391.

[21] 郭书祥,吕震宙,冯元生. 基于区间分析的结构非概率可靠性模型[J]. 计算力学学报,2001,18(1):56 - 60.

[22] 刘成立. 复杂结构可靠性分析及设计研究[D]. 西安:西北工业大学,2006.

[23] 邱志平,陈山奇,王晓军. 结构非概率鲁棒可靠性准则[J]. 计算力学学报,2004,21(1):1 - 6.

[24] 王晓军,邱志平. 结构振动的鲁棒可靠性[J]. 北京航空航天大学学报,2003,29(11):1006 - 1010.

[25] 徐可君,江龙平,陈景亮,等.叶片振动的非概率可靠性研究[J].机械工程学报,2002,38(10):17-19.

[26] 曹鸿钧,段宝岩.基于凸集合模型的非概率可靠性研究[J].计算力学学报,2005,22(5):546-549.

[27] 易平.区间不确定性问题的可靠性度量的探讨[J].计算力学学报,2006,23(2):152-156.

[28] 张新锋,赵彦,施浒立.基于凸集的结构非概率可靠性度量研究[J].机械强度,2007,29(4):589-592.

[29] 黄波,黄洪钟.基于区间满意度原理的结构非概率集合可靠性模型[C].第十一届中国航空可靠性学术年会论文集,2008:191-198.

[30] 黄波.不确定机械结构的区间非概率可靠性关键技术研究[D].成都:电子科技大学,2009.

[31] 王晓军,邱志平,武哲.结构非概率集合可靠性模型[J].力学学报,2007,39(5):641-646.

[32] 周凌,安伟光,安海.超空泡运动体强度与稳定性的非概率可靠性分析[J].哈尔滨工程大学学报,2009,30(4):362-367.

[33] 乔心州,仇原鹰,孔宪光.一种基于椭球凸集的结构非概率可靠性模型[J].工程力学,2009,26(11):203-208.

[34] 洪东跑,马小兵.基于容差分析的结构非概率可靠性模型[J].机械工程学报, 2010, 46(4): 157-162.

[35] 唐樟春,吕震宙,吕媛波.一种与样本信息合理匹配的可靠性模型[J].宇航学报,2010,31(3):895-901.

[36] 张磊,邱志平.基于协同优化方法的多学科非概率可靠性优化设计[J].南京航空航天大学学报,2010,42(3):267-271.

[37] 方鹏亚,常新龙,简斌.考虑权重因素的非概率可靠性模型[J].机械强度,2011,33(2):225-228.

[38] 孙文彩.结构非概率可靠性及疲劳寿命分析方法研究[D].武汉:海军工程大学,2009.

[39] 李昆锋.基于 Info-Gap 理论的结构非概率可靠性方法研究[D].武汉:海军工程大学,2012.

[40] 周凌,安伟光,贾宏光. 超椭球凸集合可靠性综合指标定义及求解方法[J]. 航空学报,2011,32(11):2025-2035.

[41] 樊建平,李世军,漆伟,等. 关于结构非概率可靠性模型的安全评估[J]. 固体力学学报,2012,33(3):325-330.

[42] 姜潮,张哲,韩旭. 一种基于证据理论的结构可靠性分析方法[J]. 力学学报,2013,45(1):103-115.

[43] 程跃,程文明,郑严. 一种基于非概率可靠性的结构水平集拓扑优化[J]. 工程力学,2012,29(6):58-62.

[44] Jiang C,Han X,Lu G,et al. Correlation analysis of non-probabilistic convex model and corresponding structural reliability technique [J]. Computer Methods in Applied Mechanics and Engineering, 2011,200:2528-2546.

[45] Jiang T, Chen J. A semi-analytic method for calculating non-probabilistic reliability index based on interval models [J]. Applied Mathematical Modeling,2007,56:1362-1370.

[46] 江涛,陈建军,张建国,等. 非概率可靠性指标的存在性及其半解析法[J]. 中国机械工程,2005,16(21):1894-1898.

[47] Chen X, Tang C, Tsui C, et al. Modified scheme based on semi-analytic approach for computing non-probabilistic reliability index [J]. Acta Mechanica Solida Sinica,2010,23(2):115-123.

[48] Rao S S, Berke L. Analysis of uncertain structural system using interval analysis [J]. AIAA Journal,1997,35:727-735.

[49] 吕震宙,冯蕴雯,岳珠峰. 改进的区间截断法及基于区间分析的非概率可靠性分析方法[J]. 计算力学学报,2002,19(3):260-264.

[50] 郭书祥,张陵,李颖. 结构非概率可靠性指标的求解方法[J]. 计算力学学报,2005,22(2):227-230.

[51] 江涛,陈建军,张弛江. 区间模型非概率可靠性指标的仿射算法[J]. 机械强度,2007,29(2):251-255.

[52] 罗阳军,亢战. 超椭球模型下结构非概率可靠性指标的迭代算法[J]. 计算力学学报,2008,25(6):747-752.

[53] 罗阳军,亢战,Alex li. 基于凸模型的结构非概率可靠性指标及其求解方

法研究[J]. 固体力学学报,2011,32(6):646 - 654.
[54] Kang Z, Luo Y. Non-probabilistic reliability-based topology optimization of geometrically nonlinear structures using convex models [J]. Computer Methods in Applied Mechanics and Engineering,2009,198:3228 - 3238.
[55] Luo Y, Kang Z, Luo Z, et al. Continuum topology optimization with non-probabilistic reliability constraints based on multi-ellipsoid convex model [J]. Structural and Multidiscipling Optimization,2008,39(3):297 - 310.
[56] 崔明涛,陈建军,宋宗风. 区间参数平面连续体结构频率非概率可靠性拓扑优化[J]. 振动与冲击,2007,26(8):55 - 59.
[57] Elishakoff I,Santoro R. Reliability of structural reliability estimation [C]// Proceedings of the NSF Workshop on Reliable Engineering Computing, Georgia,USA,2006:53 - 63.
[58] Kang Z,Luo Y. Reliability-based structural optimization with probability and convex set hybrid models [J]. Struct Multidisc Optim,2010,42:89 - 102.
[59] 孙文彩,杨自春. 随机和区间混合变量下结构可靠性分析方法研究[J]. 工程力学,2010,27(11):22 - 27.
[60] Karanki D R,Kushwaha H S,Verma A K,et al. Uncertainty analysis based on probability bounds (p-box) approach in probabilistic safety assessment [J]. Risk Analysis,2009,29(5):662 - 675.
[61] Berleant D J, Ferson S, Kreinovich V, et al. Combining interval and probabilistic uncertainty: foundations, algorithms, challenges—an overview [C]. Fourth International Symposium on Imprecise Probabilities and Their Applications,Pittsburgh,Pennsylvania,2005:1 - 30.
[62] Qiu Z, Yang D, Elishakoff I. Probabilistic interval reliability of structural systems [J]. International Journal of Solids and Structures, 2008, 45: 2850 - 2860.
[63] Du X P,Sudjianto A,Huang B Q. Reliability-based design with the mixture of random and interval variables [J]. Journal of Mechanical Design,2005, 127(6):1068 - 1076.
[64] 郭书祥,吕震宙. 结构可靠性分析的概率和非概率混合模型[J]. 机械强

度,2002,24(4):524 -526.

[65] Luo Y,Kang Z,Li A. Structural reliability assessment based on probability and convex set mixed model [J]. Computers & Structures,2009,87(21 -22):1408 -1415.

[66] 尼早,邱志平. 结构系统概率 - 模糊 - 非概率混合可靠性分析[J]. 南京航空航天大学学报,2010,42(3):272 -277.

[67] Ni Z, Qiu Z P. Hybrid probabilistic fuzzy and non-probabilistic model of structural reliability [J]. Computers & Industrial Engineering, 2010, 58: 463 -467.

[68] Qiu Z P, Wang J. The interval estimation of reliability for probabilistic and non-probabilistic hybrid structural system [J]. Engineering Failure Analysis, 2010,17(5):1142 -1154.

[69] Wang J,Qiu Z P. The reliability analysis of probabilistic and interval hybrid structural system [J]. Applied Mathematical Modeling, 2010, 34 (11): 3648 -3658.

[70] 王军,邱志平. 结构的概率 - 非概率混合可靠性模型[J]. 航空学报, 2009,30(8):1398 -1404.

[71] Chen X, Lind N C. Fast probability integration by three parameter normal trail approximation [J]. Structural Safety,1983,1:269 -276.

[72] Rackwitz R, Fiessler B. Structural reliability under combined random load sequences [J]. Computers & Structures,1978,9:489 -494.

[73] Wu Y T, Wirsching P H. New algorithm for structural reliability estimation [J]. Journal of Engineering Mechanics,1987,113(9):1319 -1336.

[74] Wirsching P H,Torng T Y,Martin W S. Advanced fatigue reliability analysis [J]. International Journal of Fatigue,1991,13(5):389 -394.

[75] 王旭亮. 不确定性疲劳寿命预测方法研究[D]. 南京:南京航空航天大学,2009.

[76] 邱志平,王晓军. 结构疲劳寿命的区间估计[J]. 力学学报,2005, 37(5):653 -657.

[77] 邱志平,王晓军,马智博. 结构疲劳寿命估计的集合理论模型[J]. 固体

力学学报,2006,27(1):91－97.

[78] 吕震宙,徐有良,杨治国,等. 粉末冶金涡轮盘寿命稳健性分析与设计[J]. 稀有金属材料与工程,2004,33(1):87－90.

[79] 孙文彩,杨自春. 含裂纹压力容器混合变量下疲劳剩余寿命分析[J]. 压力容器,2010,27(1):17－20.

[80] 邱志平. 不确定参数结构静力响应和特征值问题的区间分析方法[D]. 长春:吉林工业大学,1994.

[81] Koyluoglu H U, Cakmak A S, Nielsen S R. Interval algebra to deal with pattern loading and structural uncertainty [J]. Journal of Engineering Mechanics,1995,121:1149－1157.

[82] 陈怀海. 非确定结构系统区间分析的直接优化法[J]. 南京航空航天大学学报,1999,31(2):146－150.

[83] Mullen R L, Muhanna R L. Bounds of structural response for all possible loading combinations [J]. Journal of Structural Engineering,1999,125(1):98－106.

[84] Chen S H. Yang X W. Interval finite element method for beam structures [J]. Finite Elements in Analysis and Design,2000,34:75－78.

[85] 郭书祥,吕震宙. 区间运算和静力区间有限元[J]. 应用数学和力学,2001,22(12):1249－1254.

[86] McWilliam S. Anti-optimization of uncertain structures using interval analysis [J]. Computers and Structures,2001,79:421－430.

[87] 杨晓伟,陈塑寰,滕绍勇. 基于单元的静力区间有限元法[J]. 计算力学学报,2002,19(2):179－183.

[88] Chen S H, Lian H D, Yang X W. Interval static displacement analysis for structures with interval parameters [J]. International Journal for Numerical Methods in Engineering,2002,53:393－407.

[89] Qiu Z P. Comparison of static response of structures using convex models and interval analysis method [J]. International Journal for Numerical Methods in Engineering,2003,56:1735－1753.

[90] Qiu Z P, Ma Y, Wang X J. Comparison between non-probabilistic interval

analysis method and probabilistic approach in static response problem of structures with uncertain-but-bounded parameters [J]. Communications in Numerical Methods in Engineering,2004,20:279 – 290.

[91] Qiu Z P. Convex models and interval analysis method to predict the effect of uncertain-but-bounded parameters on the buckling of composite structures [J]. Computer Methods in Applied Mechanics and Engineering. Mech. Engrg. ,2005,194:2175 – 2189.

[92] Muhanna R L,Mullen R L,Zhang H. Penalty-based solution for the interval finite-element methods [J]. ASCE, Engineering Mechanics, 2005, 131 (10): 1102 – 1111.

[93] Muhanna R L, Mullen R L. Uncertainty in mechanics problems interval-based approach [J]. Journal of Engineering Mechanics, 2001, 127 (6): 557 – 566.

[94] 佘远国,沈成武. 改进的区间有限元静力控制方程迭代解法[J]. 武汉理工大学学报(交通科学与工程版),2005,29(2):248 – 251.

[95] Ma J,Chen J J,Zhang J G,et al. Interval factor method for interval finite element analysis of truss [J]. Multidiscipline Modeling in Meterials and Structures,2005,1(4):367 – 376.

[96] Muhanna R L,Kreinovich V,Solin P,et al. Interval finite element methods: new directions [C]. Proceedings of the NSF Workshop on Reliable Engineering Computing,Georgia,USA,2006:229 – 243.

[97] Qiu Z P,Wang X J,Chen J Y. Exact bounds for the static response set of structures with uncertain-but-bounded parameters [J]. International Journal of Solids and Structures,2006,43:6574 – 6593.

[98] 苏静波,邵国建,刘宁. 基于单元的子区间摄动有限元方法研究[J]. 计算力学学报,2007,24(4):524 – 528.

[99] 邱志平,王晓军. 不确定性结构力学问题的集合理论凸方法[M]. 北京:科学出版社,2008.

[100] 朱增青,陈建军,李金平,等. 不确定结构区间分析的仿射算法[J]. 机械强度,2009,31(3):419 – 424.

[101] 刘国梁,陈建军,林立广. 区间参数结构的一种分析方法[J]. 机械强度,2009,31(5):776 - 780.

[102] Degrauwe D, Lombaert G, Roeck G. Improving interval analysis in finite element calculations by means of affine arithmetic [J]. Computers and Structures,2010,88:247 - 254.

[103] 李金平,陈建军,朱增青,等. 结构区间有限元方程组的一种解法[J]. 工程力学,2010,27(4):79 - 83.

[104] 邱志平,祁武超. 配点型区间有限元法[J]. 力学学报,2011,43(3):496 - 504.

[105] Impollonia N, Muscolino G. Interval analysis of structures with uncertain-but-bounded axial stiffness [J]. Computer Methods in Applied Mechanics and Engineering,2011,200:1945 - 1962.

[106] 吴杰,陈塑寰. 区间参数结构的动力响应优化[J]. 固体力学学报,2004,25(2):186 - 190.

[107] Qiu Z P, Chen S H, Na J X. The Rayleigh Quotient method for computing eigenvalue bounds of vibrational systems with interval parameters [J]. Acta Mechanic Solid Sinica,1993,6:309 - 318.

[108] Qiu Z P, Chen S H, Elishakoff I. Natural frequencies of structures with uncertain-but-non-random parameters [J]. Journal of Optimization Theory and Applications, 1995,6:669 - 683.

[109] Qiu Z P, Chen S H, Elishakoff I. Bounds of eigenvalues for structures with an interval description of uncertain-but-non-random parameters [J]. Chaos, Solitons and Fractals,1996,7:425 - 434.

[110] 邱志平,顾元宪,王寿梅. 有界参数结构特征值的上下界定理[J]. 力学学报,1999,31(4):466 - 474.

[111] Chen S H, Lian H D, Yang X W. Interval eigenvalue analysis for structures with interval parameters [J]. Finite Elements in Analysis and Design, 2003,39(5/6):419 - 431.

[112] Yang X W, Chen S H, Lian H D. Bounds of complex eigenvalues of structures with interval parameters [J]. Engineering Structures,2001,23

(5):557-563.

[113] 陈怀海,陈正想. 求解实对称矩阵区间特征值问题的直接优化法[J]. 振动工程学报,2000,13(1):117-121.

[114] 王登刚,李杰. 计算具有区间参数结构特征值范围的一种新方法[J]. 计算力学学报,2004,21(1):56-61.

[115] 王登刚. 计算具有区间参数结构的固有频率的优化方法[J]. 力学学报,2004,36(3):364-372.

[116] 梁震涛,陈建军,等. 不确定结构动力区间分析方法研究[J]. 应用力学学报,2008,25(1):46-50.

[117] Sim J,Qiu Z P,Wang X J. Modal analysis of structures with uncertain-but-bounded parameters via interval analysis [J]. Journal of Sound and Vibration,2007,303:29-45.

[118] Wang X J,Qiu Z P. Interval finite element analysis of wing flutter [J]. Chinese Journal of Aeronautics,2008,21:134-140.

[119] Moens D,Vandepitte D. A survey of non-probabilistic uncertainty treatment in finite element analysis [J]. Computer Methods in Applied Mechanics and Engineering,2005,194:1527-1555.

[120] Moens D,Vandepitte D. Recent advances in non-probabilistic approaches for non-deterministic dynamic finite element analysis [J]. Archives of Computational Methods in Engineering,2006,13(3):389-464.

[121] Moens D,Hanss M. Non-probabilistic finite element analysis for parametric uncertainty treatment in applied mechanics: Recent advances [J]. Finite Elements in Analysis and Design,2011,47:4-16.

[122] 张建国,陈建军,江涛,等. 关于不确定结构非概率可靠性计算的研究[J]. 机械强度,2007,29(1):58-62.

[123] 张建国,陈建军,段宝岩,等. 基于非概率模型的星载天线展开机构可靠性分析[J]. 西安电子科技大学学报,2006,33(5):739-744.

[124] 蒋冲,赵明华,曹文贵. 基于区间分析的岩土结构非概率可靠性分析[J]. 湖南大学学报,2008,35(3):11-14.

[125] 赵明华,蒋冲,曹文贵. 基于区间理论的挡土墙稳定性非概率可靠性分

析[J]. 岩土工程学报,2008,30(4):467 -472.

[126] 苏永华,常伟涛,赵明华. 深部巷道围岩稳定的区间非概率指标分析[J]. 湖南大学学报(自然科学版),2007,34(7):17 -21.

[127] 吴文全,察豪. 小样本采样数据的预处理[J]. 海军工程大学学报,2004,16(3):66 -68.

[128] 庄楚强,何春熊. 应用数理统计基础[M]. 广州:华南理工大学出版社,2006.

[129] 杨纶标,高英仪. 模糊数学原理及应用[M]. 广州:华南理工大学出版社,2005.

[130] 江涛,陈建军,姜培刚,等. 区间模型非概率可靠性指标的一维优化算法[J]. 工程力学,2007,24(7):23 -27.

[131] Au S K,Beck J L. A new adaptive important sampling scheme for reliability calculations [J]. Structural Safety,1999,21(2):139 -163.

[132] 颜庆津. 数值分析[M]. 北京:北京航空航天大学出版社,2006.

[133] 刘文珽. 结构可靠性设计手册[M]. 北京:国防工业出版社,2008.

[134] 杨自春,倪宁,杨毅. 叶轮机械[M]. 北京:国防工业出版社,2007.

[135] 申文才. 基于随机有限元的涡轮盘 - 片剩余寿命预测[D]. 武汉:海军工程大学,2008.

[136] 姚卫星. 结构疲劳寿命分析[M]. 北京:国防工业出版社,2003.

[137] 佟欣. 基于可能性理论的模糊可靠性设计[D]. 大连:大连理工大学,2004.

[138] 杨纶标,高英仪. 模糊数学原理及应用[M]. 广州:华南理工大学出版社,2005.

[139] Zadeh L A. Fuzzy sets as a basis for a theory of possibility [J]. Fuzzy Sets and Systems,1978,1:3 -28.

[140] Zadeh L A. A theory of approximate reasoning [C]. In:Hayes JE,Michie D and Mikulich LI,Eds. Machine and Intelligence 9. New York:Elsevier,1979:149 -194.

[141] 彭茂林. 燃气涡轮盘 - 片的结构可靠度计算及灵敏度分析[D]. 武汉:海军工程大学,2009.